遥感科学与技术教材

ENVI 图像处理基础实验教程

Guide to ENVI Image Processing

（第二版）

邓磊　鲁晗　芦佳琪　编著

测绘出版社

·北京·

ⓒ 首都师范大学 2023

所有权利(含信息网络传播权)保留,未经许可,不得以任何方式使用。

内 容 简 介

　　本书旨在指导读者在掌握遥感原理的基础上运用遥感软件对遥感图像进行处理,着重介绍借助 ENVI 软件对遥感图像进行处理的方法。通过对本书的学习,读者能够清晰地了解遥感图像处理的基本原理,并能够掌握遥感图像处理软件的具体操作方法,实现从学习到应用的快速转化。全书共有 21 个实验,主要分为两个部分:基础操作篇(前 15 个实验)和高级应用篇(后 6 个实验)。基础操作篇为遥感图像处理原理的基础实验,高级应用篇为结合实际应用的综合实验。

　　本书内容丰富,具有可操作性强和适用性广泛的特点,可供遥感及相关领域的高校师生和研究人员使用。

图书在版编目(CIP)数据

ENVI 图像处理基础实验教程 = Guide to ENVI Image Processing/邓磊,鲁晗,芦佳琪编著. -- 2 版. -- 北京:测绘出版社,2023.1

遥感科学与技术教材

ISBN 978-7-5030-4451-9

Ⅰ.①E… Ⅱ.①邓… ②鲁… ③芦… Ⅲ.①遥感图像－图像处理－教材 Ⅳ.①TP751

中国国家版本馆 CIP 数据核字(2023)第 018490 号

ENVI 图像处理基础实验教程
ENVI Tuxiang Chuli Jichu Shiyan Jiaocheng

责任编辑	李 莹	封面设计	李 伟	责任印制	陈姝颖
出版发行	测绘出版社	电 话	010－68580735(发行部)		
地 址	北京市西城区三里河路 50 号		010－68531363(编辑部)		
邮政编码	100045	网 址	www.chinasmp.com		
电子信箱	smp@sinomaps.com	经 销	新华书店		
成品规格	184mm×260mm	印 刷	北京建筑工业印刷厂		
印 张	12.5	字 数	307 千字		
版 次	2023 年 1 月第 2 版	印 次	2023 年 1 月第 1 次印刷		
印 数	0001－2000	定 价	45.00 元		
书 号	ISBN 978-7-5030-4451-9				

本书如有印装质量问题,请与我社发行部联系调换。

序

随着科学的发展与进步,全球化、网络化和智能化的新时代已经到来,遥感技术的应用也快速由专业化走向了产业化与社会化。半个世纪以来,遥感技术已经渗透到人们生活、工作的诸多方面,尤其是在信息服务和灾害应急等与社会民生紧密相关的领域,愈加显示出其强大的力量。遥感技术作为一门应用性很强的学科,已经在社会各个行业得到了应用,影响广泛而深远。

近年来,遥感领域飞速发展,在各方面取得了巨大的突破。遥感影像获取向着专业、及时、稳定和丰富的方向发展,高分辨率影像、多光谱影像、雷达影像以及专题影像的获取保证了影像来源的专业性与丰富性,卫星星座计划、星天地一体化获取等多源方式保证了影像来源的及时与稳定。大量的遥感影像及其产生的各种信息依托网络的发展,传播迅速,应用多元深入;信息全球共享、处理与应用社会化等新的遥感应用方式(如众包平台)不断得到发展;遥感信息处理的定量化、高精度、高效率及其应用的综合化与集成化,已是大势所趋。这些遥感方面的创新与突破,使得带有地理编码的高分辨率遥感影像的应用也随之发展开来。例如,面对自然灾害,遥感技术能更高效地监测洪水、海啸以及台风等;多时相的动态遥感影像数据能很好地反映土地利用状况,节省大量的人力物力;作为地理信息系统的核心数据源,遥感影像以丰富的信息,形成"谷歌地球"等产品,方便了人们的生活。

在遥感应用领域迅猛拓展和快速更新的当前,现有科技进步和新的应用领域、新的目标需求等对人们处理遥感数据的能力也提出了更高的要求。高等院校"遥感科学与技术"专业的设置正是顺应了这一时代需求,它是在测绘科学、空间科学、电子科学、地球科学、计算机科学等多学科交叉渗透、相互融合的基础上发展起来的一门新兴边缘学科。目前,业界对遥感科学与技术人才的需求较大,相关人员的理论和实践能力都亟待提高。为了满足遥感学科发展的新要求,紧跟遥感技术取得的创新技术和理论成果,并指导"遥感科学与技术"专业学生理论和实践知识的学习,"遥感科学与技术教材"系列教材应运而生。

该系列教材既立足于遥感领域的发展现状,又紧跟遥感技术发展趋势,既注重对遥感技术基本理论的归纳,也强调实际操作技能的提高,对遥感技术方面的专业人员培养能起到较好的作用。该系列教材既包括对遥感图像处理理论与方法的解析,又涵盖针对 ENVI、ERDAS 和 eCognition 等商业软件的具体操作和应用的详细讲解,内容深入浅出,具有很强的可操作性。

该系列丛书的编著者主要由长期扎根于遥感领域的中青年专家担纲。他们具有丰富的遥感科研实践经验,并承担相关课程的具体教学任务,这些工作经历都为系列教材的编纂打下了坚实基础并积累了丰富的素材。我衷心祝愿该系列教材对从事该领域科研、教学和管理的人员,以及高等学校相关专业的学生、研究生有所帮助,为国家信息化建设和国民经济的建设起到一定的推动作用。

宫辉力
2014 年 5 月

第二版前言

随着遥感技术的飞速发展,遥感图像在国民经济与社会发展的各个领域得到了广泛的应用,各种类型的遥感图像已经成为人们工作、生活中的重要组成部分。遥感技术的应用对遥感图像处理水平能力提出了更高的要求,加强遥感图像的处理与分析迫在眉睫。

尽管国内外出版了许多有关遥感图像处理的书籍,但是,很难找到一套适合我国高校课堂学习与实习的教材,尤其是与遥感课程配套的、浅显易上手的书籍。本书旨在体现学科前沿和发展动向,指导高校教学,深化遥感教学。通过重点介绍 ENVI 软件处理遥感图像的方法,指导读者了解遥感图像基本原理,掌握遥感图像处理软件的具体操作方法,以实践巩固理论,培养分析问题和解决问题的能力。

目前,关于 ENVI 的中文教程还比较少,尤其是最新的 ENVI 5.5 版本软件不仅在操作界面上有了较大的改进,还新增和优化了若干数据处理工具,2015 年出版的本书第一版中的部分内容已不适用于新版本软件的操作,给广大用户学习和应用软件带来了诸多不便。基于此,根据多年遥感应用研究和软件操作经验,在第一版内容及读者反馈需求的基础上,基于最新 ENVI 5.5 版本软件完成本书的第二版编写工作。与第一版相比,第二版除了根据 ENVI 5.5 版本软件更新了操作步骤外,还根据软件新增的功能在高级应用篇增设了 3 个实验,即实验十六(ENVI 扩展工具——国产卫星数据处理)、实验十八(ENVI Modeler)和实验十九(深度学习识别目标地物)。此外,考虑大部分读者对软件的使用习惯,第二版所有实验均在 ENVI 新界面下进行。全书按照遥感图像处理流程,由浅入深,逐步引导读者掌握 ENVI 软件操作。

本书面向高校学生和与遥感领域相关的专业人员,指导思想和特点是:①注重实践能力的培养,采用实验的方式,逐步介绍操作步骤,可操作性极强;②突出高校教材编写的特点,在基础知识讲解方面进行概括、总结与提升,在保持体系完整的同时突出重点和主线;③充分吸收与借鉴国内外优秀教材和研究成果,保证教材的先进性;④面向技术前沿,突出 ENVI 软件的优势功能,将高光谱遥感分析、SARscape、ENVI 二次开发、ENVI 扩展工具、ENVI Modeler 等作为教材重要组成部分;⑤对实验的处理过程进行详细介绍,并包含"思考与练习",以加深读者对实验的理解;⑥对重要知识点和操作以"小提示"方式进行说明,帮助读者更好地理解知识、更快地解决操作中可能会遇到的问题。

本书大纲由邓磊拟定,共 21 个实验,主要分为两个部分:基础操作篇(前 15 个实验)和高级应用篇(后 6 个实验)。基础操作篇为遥感图像处理原理的基础实验,高级应用篇为结合实际应用的综合实验。各实验具体编写分工为:实验一、二、三、四由樊恬杏编写;实验五、六、七、八由王孔博编写;实验九、十由邹寒月编写;实验十一、十二由卢卓编写;实验十三由郭莉杰编写;实验十四、十五由李晨睿编写;实验十六由乔丹玉编写;实验十七、十八由芦佳琪编写;实验十九由陈勇编写;实验二十、二十一由吴爽编写。全书由邓磊、鲁晗和芦佳琪统稿。本书实验数据可从测绘出版社网站(chs.chinasmp.com)的下载中心下载。

本书部分内容来源于作者主持和参加的科研项目。本书是作者在该领域教学工作的小结,汇聚了首都师范大学资源环境与旅游学院集体的智慧。本书得到首都师范大学国家级一流本科专业(地理信息科学)、北京市一流本科专业(地理信息科学)建设项目和水资源安全北京实验室的联合资助。

由于作者水平有限,书中难免存在不妥之处,恳请读者批评指正。

2022 年 12 月

第一版前言

随着遥感技术的飞速发展,遥感图像在国民经济与社会发展的各个领域得到了广泛的应用,各种类型的遥感图像已经成为人们工作、生活中的重要组成部分。遥感技术的应用对遥感图像的处理水平和能力提出了更高的要求,加强遥感图像的处理与分析迫在眉睫。

尽管国内外出版了许多有关遥感图像处理的书籍,但是,到目前为止还没有一套适合我国高校课堂学习与实习的教材,尤其是与遥感课程配套的、浅显易上手的教材。本书旨在体现学科前沿和发展动向,指导高校教学,深化遥感教学。通过重点介绍 ENVI 软件处理遥感图像的方法,指导读者了解遥感图像基本原理,掌握遥感图像处理软件的具体操作方法,以实践巩固理论,培养分析问题和解决问题能力。

本书面向高校学生及与遥感领域相关的专业人员,指导思想和特点是:①注重实践能力的培养,采用实验的方式,逐步介绍操作步骤,可操作性极强;②突出高校教材编写的特点,在基础知识讲解方面进行概括、总结与提升,在保持体系完整的同时突出重点和主线;③充分吸收与借鉴国内外优秀教材和研究成果,保证教材的先进性;④面向技术前沿,突出 ENVI 软件的优势功能,将高光谱遥感分析、SARscape、IDL 等作为教材重要组成部分(用"＊"标出);⑤对实验的处理过程进行详细介绍,并包含"思考与练习",以加深读者对实验的理解;⑥对重要知识点和操作以"小提示"方式进行了说明,帮助读者更好地理解知识,更快地解决操作中的问题。

本书大纲由邓磊拟定,共有 18 个实验。前 16 个实验为遥感图像处理原理的基础实验,最后 2 个实验为结合实际应用的综合实验。各实验具体编写分工为:实验一、二、四、五、六、八、九、十三、十六、十七由付姗姗编写;实验三、七由张儒侠和郭亚会编写;实验十、十四、十八由邓磊编写;实验十五由闫亚男编写;实验十一、实验十二由邓磊和闫亚男编写;全书由邓磊和付姗姗负责统稿。

本书部分内容来源于作者主持和参加的科研项目。本书是作者在该领域教学工作的小结,汇聚了首都师范大学资源环境与旅游学院集体的智慧。感谢首都师范大学遥感科学与技术系全体教师的付出与首都师范大学三维信息获取与应用教育部重点实验室的支持。

由于编者水平有限,书中难免存在不妥之处,恳请读者批评指正。

2015 年 3 月

目 录

ENVI 简介 ··· 1

基础操作篇

实验一　图像显示 ·· 2
实验二　数据的输入与输出 ·· 8
实验三　波段合成与提取 ·· 13
实验四　遥感图像辐射校正 ··· 18
实验五　遥感图像几何校正 ··· 26
实验六　遥感图像彩色变换 ··· 36
实验七　遥感图像对比度增强 ·· 44
实验八　遥感图像空间增强 ··· 51
实验九　遥感图像镶嵌与裁剪 ·· 58
实验十　遥感图像融合 ··· 66
实验十一　遥感图像监督分类 ·· 74
实验十二　遥感图像非监督分类 ··· 85
实验十三　高光谱分析 ··· 90
实验十四　雷达图像处理 ··· 103
实验十五　动态变化检测 ··· 114

高级应用篇

实验十六　ENVI 扩展工具——国产卫星数据处理 ···························· 123
实验十七　ENVI 二次开发 ··· 133
实验十八　ENVI Modeler ·· 140
实验十九　深度学习识别目标地物 ·· 148
实验二十　植被覆盖度反演 ·· 157
实验二十一　面向洪水灾体信息的遥感数据融合 ······························ 173

参考文献 ··· 182

ENVI 简介

由美国 ITT Visual Information Solutions 公司开发的 ENVI(the environment for visualizing images)是一款利用交互式数据语言(interactive data language,IDL)编写的、集遥感与地理信息系统为一体的专业软件。ENVI 主要包括图像数据输入与输出、图像定标、图像增强、图像校正、数据融合、图像分类以及图像变换、信息提取、三维立体显示等功能,是一款功能完善的遥感数字处理系统。

在基本功能的基础上,它还具有一些独有的特点,如:为高光谱数据提供了一整套的处理工具;基于 IDL 语言开发,便于用户根据需要灵活扩展其功能,为动态图像分析提供有力支持。此外,ENVI 还包含丰富的扩展模块,如大气校正模块(atmospheric correction)、立体像对高程提取模块(DEM extraction)、合成孔径雷达图像处理扩展模块(SARscape)等,使遥感图像处理更加专业、便捷。

ENVI 较高版本(自 ENVI 5.0 开始)采用了全新的界面,包括菜单栏、工具栏、图层管理、状态栏、工具箱几个组成部分,所有功能都可以集中到一个界面中进行操作,从整体上增强了用户体验。与此同时,也保留了经典的 Classic 菜单和三视窗操作的界面,可供用户选择使用。

本书采用 ENVI 5.5 版本进行实验操作,所有实验均在 ENVI 5.5 界面下进行。

基础操作篇

实验一 图像显示

一、简　介

ENVI 的显示窗口将图层管理、图像显示、鼠标信息、工具箱、工具栏等集中在一个窗体中。在显示窗口中可进行数据浏览、数据处理和人机交互。显示窗口由 7 个部分组成：菜单栏、工具栏、图层管理、工具箱、视图窗口、状态栏和进度管理栏。

视图窗口是图像显示窗口，打开一个文件时，一般会自动加载到视图窗口中显示。数据的显示、缩放、平移、选择等操作都在视图窗口中完成。软件默认是一个视窗，最多可以打开 16 个视窗。

二、实验目的

(1) 了解并熟悉 ENVI 软件中图像显示的基本操作。
(2) 掌握利用 ENVI 软件查询图像信息与注记的操作方法。

三、实验内容

在 ENVI 中打开一幅多光谱图像，显示其彩色图像和灰度图像；查看图像信息；通过显示窗口进行图像注记。

四、实验数据

路径	文件名称	格式	说明
实验 1\数据\	test1	img	TM 多波段图像
实验 1\数据\	test1	hdr	ENVI 对应头文件

五、实验步骤

(1) 在计算机中选择开始→所有程序→ENVI 5.5.3→ENVI 5.5.3(64-bit)，启动 ENVI 界面，如图 1-1 所示。

实验一　图像显示

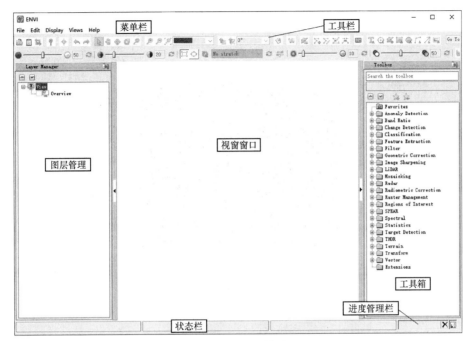

图 1-1　ENVI 界面

（2）在 ENVI 菜单栏中选择 File→Open…，打开 Open 对话框，选择"实验 1\数据\test1.img"，如图 1-2 所示。

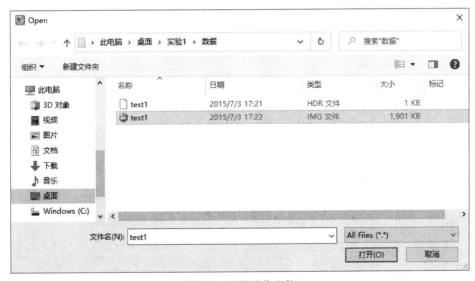

图 1-2　选择图像文件

（3）单击图 1-2 中的【打开】按钮，显示图像，如图 1-3 所示。

（4）右键单击图层管理列表中的"test1.img"，选择 Change RGB Bands…，如图 1-4 所示。弹出 Change Bands 对话框，依次单击列表中"test1.img"图像的 Band 4、Band 3、Band 2 三个波段。设置完成后如图 1-5 所示。

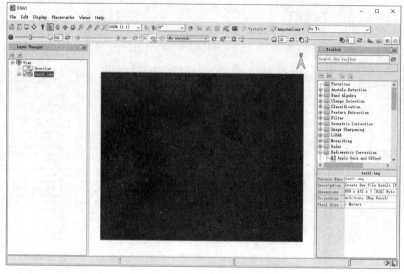

图 1-3 显示图像文件

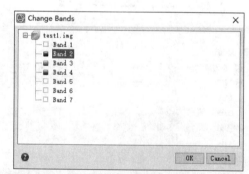

图 1-4 打开 Change Bands 对话框　　　　图 1-5 设置显示波段

☆小提示

(1)单击工具栏中的数据管理器(Data Manager)图标📋，可以直接打开 Data Manager 对话框，它包含打开的所有图像，用于图像的显示。

(2)在菜单栏中单击视窗(Views)→创建新的视窗(Create New View)，可以打开一个新的显示窗口。

(5)单击图 1-5 中的【OK】按钮,显示彩色图像,如图 1-6 所示。

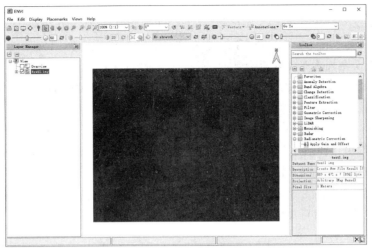

图 1-6　显示彩色图像

(6)在工具栏中选择 2% 的线性拉伸(No stretch→Linear 2%),见图 1-7,对彩色图像进行拉伸,可获得更好的显示效果,如图 1-8 所示。

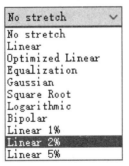

图 1-7　选择"Linear 2%"拉伸方法

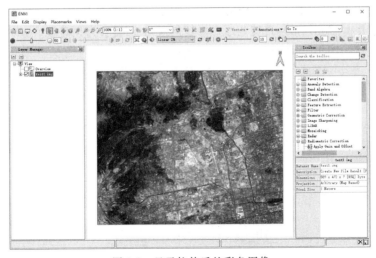

图 1-8　显示拉伸后的彩色图像

> ☆小提示
>
> （1）通过 ENVI 中提供的线性拉伸（Linear、Linear 1％、Linear 2％、Linear 5％）、均衡拉伸（Equalization）、高斯拉伸（Gaussian）、平方根拉伸（Square Root）等几种拉伸方法，可以根据需要改善图像显示效果。
>
> （2）在 Data Manager 对话框中选中列表中 test1.img 图像的 Band 1，然后单击【加载灰度图像（Load Grayscale）】按钮，即可显示单波段 Band 1 的灰度图像。

（7）在菜单栏中选择显示（Display）→光标值查询（Cursor Value）（或者在工具栏中选择 Cursor Value 图标 💡），显示图像信息。在图像上移动鼠标，对话框中的信息将动态更新。对话框中内容主要包括像元坐标、投影信息、地图坐标和原始数字值（digital number，DN）等，如图 1-9 所示。查看完毕后可关闭 Cursor Value 对话框。

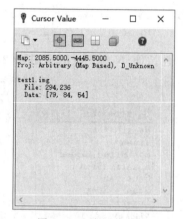

图 1-9　查询图像信息

（8）标记注记。在工具栏中选择注记（Annotations）→文本（Text），在图像上单击鼠标左键确定注记摆放位置，输入"Beijing TM image"。选中输入的文本，单击鼠标右键，选择属性（Properties），打开编辑属性（Edit Properties）对话框。将字体样式（Font Style）设置为 Normal；将字体大小（Font Size）设置为 20；将颜色（Color）设置为黑色（0,0,0）；其他设置保持默认。设置完成后如图 1-10 所示。

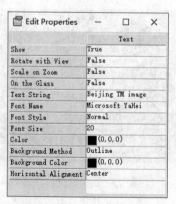

图 1-10　注记对话框

（9）在图像上调整好注记摆放位置，单击鼠标右键，完成注记绘制，如图 1-11 所示。

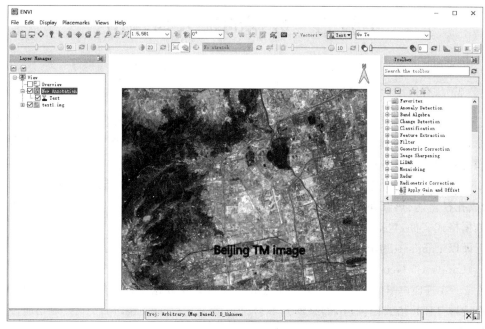

图 1-11　图像上标记注记

六、思考与练习

（1）显示 test1.img 的第二波段灰度图像，并利用光标查询功能查看不同地物在第二波段图像的灰度值。

（2）对 TM 多光谱图像用不同的波段组合进行 RGB 彩色显示，思考波段信息与颜色之间的对应关系。

实验二 数据的输入与输出

一、简　介

遥感数字图像必须以一定的格式存储才能有效地保存和利用。遥感图像成像机制不同、获取途径不同，以及遥感图像处理平台支持的格式不同决定了遥感图像存储格式的多样性。在处理时要进行图像格式之间的转换才能进行下一步的操作与利用。

ENVI 软件支持大量不同类型的航空和航天传感器获取的图像，包括全色、多光谱、高光谱、合成孔径雷达、热红外、激光雷达等图像。它具有强大的输入、输出功能，可以读取超过 90 种的数据格式文件，包括 HDF、GeoTIFF 和 NITF 等。

下面以 Landsat-5 图像数据存储格式为例，说明数据存储格式的复杂性。

(1) Landsat-5 GeoTIFF 格式是在 TIFF 6.0 的基础上发展起来的，并且完全兼容 TIFF 6.0 格式。在 TIFF 图像中有关图像的信息都存放在文件数据头部的结构 Tag 中，并且规定软件在读取 TIFF 格式图像时，如果遇到非公开或者未定义的 Tag，一律作忽略处理，所以对于一般的图像软件来说，GeoTIFF 和一般的 TIFF 图像没有什么区别，不会影响到对图像的识别。对于可以识别 GeoTIFF 格式的图像软件，可以反映出有关图像的一些地理信息。

(2) Landsat-5 EOSAT FAST FORMAT-B 格式，简称 FASTB。它包含头文件和图像文件两类，后缀均为 .dat。头文件是数据的说明文件，共 1 536 字节，全部为 ASCII 码字符，包括该数据的产品标识、轨道号、获取时间、增益偏置、投影信息、图像四角点和中心地理坐标等信息。图像文件只含有图像数据，不包括任何辅助数据信息。

(3) Landsat-5 CCRS LGSOWG 格式，符合 LGSOWG 和加拿大 CCRS 的有关规范。该格式所包含的辅助数据全面，但结构比较复杂，且许多说明字段为二进制码，不易直接阅读。文件分为卷目录文件、头文件、图像文件、尾文件和卷尾标识文件五类。

二、实验目的

(1) 认识遥感图像的存储格式。
(2) 掌握 ENVI 软件不同格式数据的输入、输出方法。

三、实验内容

应用 ENVI 软件对 Landsat-5 的 GeoTIFF 格式数据进行输入，并生成 ENVI 能够直接打开的 .dat 格式图像。

四、实验数据

路径	文件名称	格式	说明
实验 2\数据\	L5123032_03220090922_MTL	txt	Landsat-5 图像元数据
实验 2\数据\	L5123032_03220090922_B10	tif	Landsat-5 图像第一波段数据

续表

路径	文件名称	格式	说明
实验 2\数据\	L5123032_03220090922_B10.TIF	enp	Landsat-5 图像元数据
实验 2\数据\	L5123032_03220090922_B20	tif	Landsat-5 图像第二波段数据
实验 2\数据\	L5123032_03220090922_B20.TIF	enp	Landsat-5 图像元数据
实验 2\数据\	L5123032_03220090922_B30	tif	Landsat-5 图像第三波段数据
实验 2\数据\	L5123032_03220090922_B30.TIF	enp	Landsat-5 图像元数据
实验 2\数据\	L5123032_03220090922_B40	tif	Landsat-5 图像第四波段数据
实验 2\数据\	L5123032_03220090922_B40.TIF	enp	Landsat-5 图像元数据
实验 2\数据\	L5123032_03220090922_B50	tif	Landsat-5 图像第五波段数据
实验 2\数据\	L5123032_03220090922_B50.TIF	enp	Landsat-5 图像元数据
实验 2\数据\	L5123032_03220090922_B60	tif	Landsat-5 图像第六波段数据
实验 2\数据\	L5123032_03220090922_B60.TIF	enp	Landsat-5 图像元数据
实验 2\数据\	L5123032_03220090922_B70	tif	Landsat-5 图像第七波段数据
实验 2\数据\	L5123032_03220090922_B70.TIF	enp	Landsat-5 图像元数据
实验 2\数据\	band1	img	ERDAS 软件数据

五、实验步骤

(1)在 ENVI 菜单栏中选择 File→Open As→Optical Sensors→Landsat→GeoTIFF with Metadata，打开 Open Landsat GeoTIFF 对话框，选择"实验 2\数据\L5123032_03220090922_MTL.txt"，如图 2-1 所示。

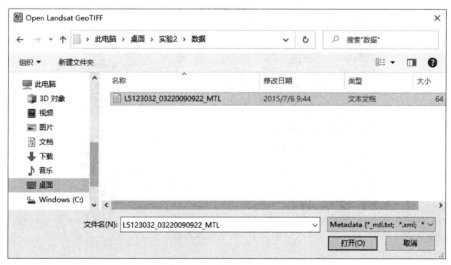

图 2-1 选择输入图像

(2)单击图 2-1 中【打开】按钮,完成数据输入。在工具栏中选择 按钮,弹出 Data Manager 对话框。可以看到 ENVI 自动读取元数据信息,并将数据按类型分为多光谱波段与热红外波段两类,同时可在图像信息(File Information)中查看图像数据所包含的地理信息,如图 2-2 所示。

图 2-2 Data Manager 对话框

(3)在 Data Manager 对话框中(图 2-2)选中"Band 1(0.4850)",单击【加载数据(Load Data)】按钮,显示第一波段图像如图 2-3 所示。

图 2-3 第一波段图像

(4)在 ENVI 菜单栏中选择 File→Save As→Save As(ENVI,NITF,TIFF,DTED),弹出 Data Selection 对话框,进行输出图像设置,如图 2-4 所示。

实验二　数据的输入与输出　　11

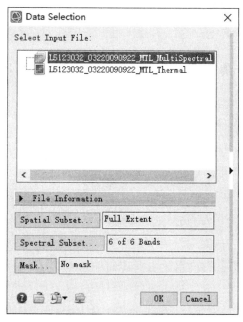

图 2-4　输出图像设置

> ☆小提示
>
> (1)通过【Spatial Subset...】(空间子集)按钮,可以对图像的输出范围进行裁剪,包括按照样本行列数、人工选定范围、地理坐标、其他文件、关注区(region of interest,ROI)或矢量等方式。
>
> (2)通过【Spectral Subset...】(波谱子集)按钮,可以实现对图像输出波段的选择,可以选择需要的波段进行输出。

(5)选中多光谱文件"L5123032_03220090922_MTL_MultiSpectral"(有 6 个波段的文件),单击图 2-4 中的【OK】按钮,弹出 Save File As Parameters 对话框,设置输出文件的路径和文件名为"实验2\结果\landsat5.dat"。设置完成后如图 2-5 所示。

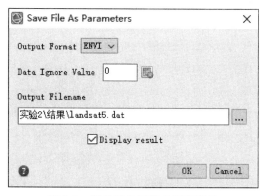

图 2-5　设置输出图像的保存路径

(6)单击图 2-5 中的【OK】按钮,完成数据输出。

六、思考与练习

用 ENVI 将 ERDAS 图像"实验 2\数据\band1.img"转换为 JPEG2000 格式。

实验三　波段合成与提取

一、简　介

多光谱遥感图像是由若干波段组合而成的图像。多光谱图像中不同的波段包含不同的地物光谱信息。由于在计算机屏幕上显示彩色图像时,一般只能显示 3 个波段的信息,因此波段的选择十分重要,它决定了彩色图像显示地物信息的丰富程度或某一方面信息的突出性。实际应用中,适当的波段组合能够使目标特征更加突出,对遥感图像解译具有重要意义。波段合成是根据加色法彩色合成原理,对遥感图像的某三个波段分别赋予红色(red)、绿色(green)和蓝色(blue),得到彩色合成图像。根据不同的实际应用需要,选择不同的波段显示会达到良好的目视效果,利于进行进一步的图像处理工作。

波段提取指从多波段图像中提取出所需要的波段进行应用,这样可以减少数据量,节省存储空间和图像处理时间。

二、实验目的

(1)了解遥感图像波段合成的原理及意义。
(2)掌握将多个单波段图像合成一个多光谱图像的方法。
(3)掌握从多光谱图像中提取一个单波段图像的方法。

三、实验内容

在 ENVI 中将多个单波段图像合成为一个具有多个波段的多光谱图像,进行彩色显示,再从多光谱图像中提取两个波段,得到一个具有两个波段的多光谱图像的数据。

四、实验数据

路径	文件名称	格式	说明
实验 3\数据\	band1	tif	Landsat-5 单波段图像
实验 3\数据\	band1.tif	enp	Landsat-5 图像元数据
实验 3\数据\	band2	tif	Landsat-5 单波段图像
实验 3\数据\	band2.tif	enp	Landsat-5 图像元数据
实验 3\数据\	band3	tif	Landsat-5 单波段图像
实验 3\数据\	band3.tif	enp	Landsat-5 图像元数据
实验 3\数据\	band4	tif	Landsat-5 单波段图像
实验 3\数据\	band4.tif	enp	Landsat-5 图像元数据

续表

路径	文件名称	格式	说明
实验 3\数据\	band5	tif	Landsat-5 单波段图像
实验 3\数据\	band5.tif	enp	Landsat-5 图像元数据
实验 3\数据\	band6	tif	Landsat-5 单波段图像
实验 3\数据\	band6.tif	enp	Landsat-5 图像元数据
实验 3\数据\	band7	tif	Landsat-5 单波段图像
实验 3\数据\	band7.tif	enp	Landsat-5 图像元数据
实验 3\数据\	Landsat-5	tif	Landsat-5 多光谱图像
实验 3\数据\	Landsat-5.tif	enp	Landsat-5 图像元数据

五、实验步骤

(一)波段合成

(1)在 ENVI 菜单栏中选择 File→Open…,打开 Open 对话框,选择"实验 3\数据\",依次打开 band1～band7 单波段灰度图像。打开后单击工具栏中的 Data Manager 可查看图像的波段信息和地理信息,结果如图 3-1 所示。

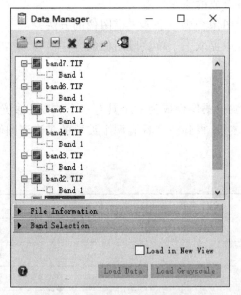

图 3-1 Data Manager 对话框

☆小提示

　　ENVI 支持同时打开多幅图像。在 Open 对话框中,按住 Ctrl 键后鼠标左键依次单击要打开的图像即可。

(2)在工具箱中选择栅格数据管理(Raster Management)→波段组合(Build Layer Stack),打开 Build Layer Stack 对话框,如图 3-2 所示。

(3)单击图 3-2 中 Input Rasters 旁的 ⋯ 按钮,弹出 Data Selection 对话框(图 3-3)。依次选择所需要的波段(本次合成选择 band1~band7 全部,即单击【Select All】按钮,或者按住 Shift 键后鼠标左键分别单击 band1 和 band7,或者按住 Ctrl 键后鼠标左键依次单击 band1 至 band7)。设置完成后如图 3-3 所示。单击【OK】按钮,完成合成波段的输入。

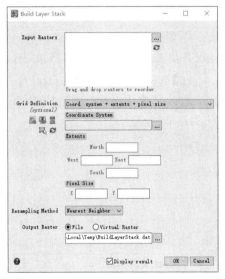 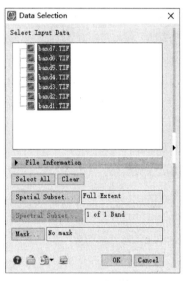

图 3-2 波段合成设置对话框　　　　图 3-3 选择合成波段

(4)在 Build Layer Stack 对话框(图 3-2)中,用鼠标左键将波段拖拽到合适的位置后松开,对波段合成中输入波段的顺序进行调整;在 Output Raster 中设置输出文件的路径和文件名为"实验3\结果\BuildLayerStack.dat",其他设置保持默认。设置完成后如图 3-4 所示。

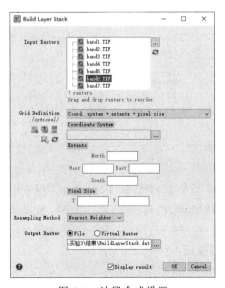

图 3-4 波段合成设置

☆小提示
　　输出文件地图投影信息默认与输入数据保持一致。

(5)单击图3-4中的【OK】按钮,合成多光谱图像。

(二)波段提取

(1)在ENVI中选择"实验3\数据\ Landsat-5.tif",打开多光谱图像。

(2)在工具箱中选择Raster Management→Build Layer Stack,打开Build Layer Stack对话框,如图3-2所示。

(3)单击图3-2中Input Rasters旁的 ... 按钮,弹出Data Selection对话框(图3-3)。选中"Landsat-5.tif"数据(图3-5),单击【Spectral Subset...】按钮,在弹出的Spectral Subset对话框中进行波段子集选取。本实验提取第二和第七波段,故选中Band 2,然后按住Ctrl键同时单击Band 7(图3-6)。单击【OK】按钮,完成波段子集选取。

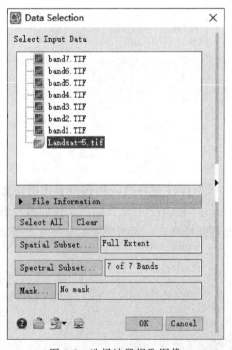

图3-5　选择波段提取图像

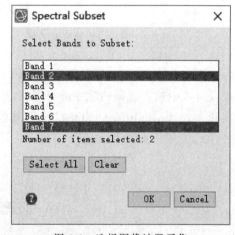

图3-6　选择图像波段子集

☆小提示
　　ENVI中很多操作都能选取波谱子集(【Spectral Subset...】按钮),实现对某一个或多个波段的提取。例如数据输出、数据调整、图像旋转、数据格式转换、数据拉伸等。

(4)单击图3-5中的【OK】按钮,返回Build Layer Stack对话框。在Output Raster中设置输出文件的路径和文件名为"实验3\结果\spectral subset.dat",其他设置保持默认。设置完成后如图3-7所示。

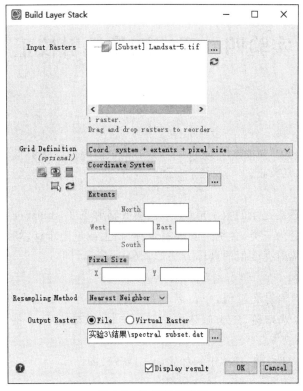

图 3-7　波段提取设置

(5)单击图 3-7 中的【OK】按钮,完成波段提取。

六、思考与练习

(1)利用 Landsat-5 单波段图像(实验 3\数据\)中的第一、二、三波段进行波段组合,然后尝试利用 Spatial Subset 将北京城区图提取出来。

(2)尝试利用 ENVI 软件中其他的操作方法从 Landsat-5 多波段图像(实验 3\数据\Landsat-5.tif)中提取出第五波段图像。

实验四 遥感图像辐射校正

一、简 介

辐射校正(radiometric correction)的目的是消除辐射畸变。辐射校正一般包括两个步骤：一是辐射定标；二是大气校正。

(一)辐射定标

辐射定标是将传感器记录的数字值(DN)转换成辐射亮度(radiance)值的过程。辐射定标按照定标位置不同可分为三类，分别是实验室定标、机上或星上定标、场地定标。

将 DN 值转换为辐射亮度值的具体方法如式(4-1)所示，即

$$L_\lambda = G \times DN + B \tag{4-1}$$

式中，L_λ 为波长 λ 处的辐射亮度值，单位名称是瓦特每平方厘米微米球面度，其单位符号是 $W/(cm^2 \cdot \mu m \cdot sr)$，$G$ 为增益，B 为偏移值。实际定标时，G 和 B 一般可以从数据的元数据中读取。

以 TM5 的一级产品为例，具体定标如式(4-2)所示，即

$$L_\lambda = \frac{L_{max} - L_{min}}{255} \times DN + L_{min} \tag{4-2}$$

式中，L_{max} 和 L_{min} 分别为最大波长处和最小波长处的辐射亮度，可以从元数据中直接读取。

(二)大气校正

大气校正是消除遥感图像中由大气散射、吸收和反射等所引起的畸变，将辐射亮度或表观反射率(apparent reflectance)转换为地表真实反射率的过程。一般来讲，大气校正可分为两种类型：统计型和物理型。物理型是根据遥感系统的物理规律，建立因果关系，从而得到物理模型，它是对现实的抽象，比较复杂，如经典的大气辐射传输模型。本实验只涉及物理型大气校正。

ENVI 软件中的 FLAASH 大气校正模块是一种基于 MODTRAN 模型的辐射传输模型，可以对 Landsat、AVHRR、MODIS、SPOT、ASTER、MERIS、AATSR、IRS 等多光谱数据、高光谱数据、航空图像和自定义格式的高光谱图像进行快速大气校正。

FLAASH 的主要特点如下：

(1)支持多种传感器，可以对多种数据进行校正。

(2)采用 MODTRAN 辐射传输模型，包含多种气溶胶模型，算法精度高，便于应用。

(3)可以有效地去除水蒸气和气溶胶散射效应，并能够对目标像元和邻近像元的交叉辐射进行校正。

(4)通过像元光谱特征估计大气属性，不依赖成像时的同步测量大气参数，实用性更强。

(5)可以获取整幅图像内的能见度、卷云与薄云等的分类图像和水汽含量数据。

二、实验目的

(1) 理解大气校正的原理。
(2) 掌握运用 ENVI 软件进行辐射定标和大气校正的方法。

三、实验内容

在 ENVI 中将遥感图像进行辐射定标,再利用 FLAASH 进行大气校正。

四、实验数据

路径	文件名称	格式	说明
实验 4\数据\	L5123032_03220090922_MTL	txt	Landsat-5 图像元数据
实验 4 数据\	L5123032_03220090922_B10	tif	Landsat-5 图像第一波段数据
实验 4\数据\	L5123032_03220090922_B10.TIF	enp	Landsat-5 图像元数据
实验 4\数据\	L5123032_03220090922_B20	tif	Landsat-5 图像第二波段数据
实验 4\数据\	L5123032_03220090922_B20.TIF	enp	Landsat-5 图像元数据
实验 4\数据\	L5123032_03220090922_B30	tif	Landsat-5 图像第三波段数据
实验 4\数据\	L5123032_03220090922_B30.TIF	enp	Landsat-5 图像元数据
实验 4\数据\	L5123032_03220090922_B40	tif	Landsat-5 图像第四波段数据
实验 4\数据\	L5123032_03220090922_B40.TIF	enp	Landsat-5 图像元数据
实验 4\数据\	L5123032_03220090922_B50	tif	Landsat-5 图像第五波段数据
实验 4\数据\	L5123032_03220090922_B50.TIF	enp	Landsat-5 图像元数据
实验 4\数据\	L5123032_03220090922_B60	tif	Landsat-5 图像第六波段数据
实验 4\数据\	L5123032_03220090922_B60.TIF	enp	Landsat-5 图像元数据
实验 4\数据\	L5123032_03220090922_B70	tif	Landsat-5 图像第七波段数据
实验 4\数据\	L5123032_03220090922_B70.TIF	enp	Landsat-5 图像元数据

五、实验步骤

(一) 辐射定标

(1) 在 ENVI 主菜单中选择 File→Open As→Optical Sensors→Landsat→GeoTIFF with Metadata,选择"实验 4\数据\ L5123032_03220090922_MTL.txt",打开 Landsat-5 TM 图像,如图 4-1 所示。

(2) 在 ENVI 工具箱中选择辐射校正(Radiometric Correction)→辐射定标(Radiometric Calibration),打开 Data Selection 对话框,选中"L5123032_0322009022_MTL_MultiSpectral"多光谱图像,如图 4-2 所示。

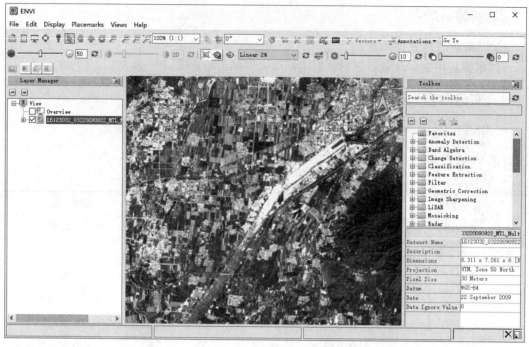

图 4-1　Landsat-5 TM 图像

(3)单击图 4-2 中的【OK】按钮,弹出 Radiometric Calibration 对话框。定标类型(Calibration Type)选择辐射亮度(Radiance),在 Output Filename 中设置输出文件的路径和文件名为"实验 4\结果\calibration.dat",其他设置保持默认。设置完成后如图 4-3 所示。

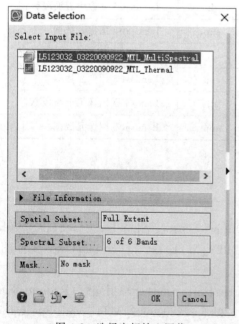

图 4-2　选择定标输入图像

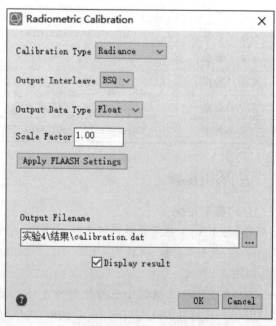

图 4-3　设置输出文件

> ☆小提示
> Calibration Type 选择 Radiance 时,输出的定标结果为辐射亮度值,选择 Reflectance 时,输出的定标结果为反射率。

(4)单击图 4-3 中的【OK】按钮,进行辐射定标。

(二)存储格式转换

FLAASH 大气校正输入数据存储格式要求为 BIL,而定标处理后的数据存储格式为 BSQ,因此需要进行存储格式的转换。

(1)在 ENVI 工具箱中选择 Raster Management→数据存储顺序转换(Convert Interleave),打开 Convert Interleave 对话框,选中"calibration.dat"文件,在 Interleave 下拉菜单中选择 BIL,在 Output Raster 中设置输出文件的路径和文件名为"实验 4\结果\ConvertInterleave.dat",如图 4-4 所示。

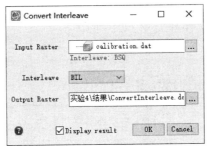

图 4-4 设置数据转换参数

(2)单击图 4-4 中的【OK】按钮,完成数据储存格式的转换。

(三)大气校正

(1)在 ENVI 工具箱中选择 Radiometric Correction→大气校正模块(Atmospheric Correction Module)→FLAASH 大气校正(FLAASH Atmospheric Correction),打开 FLAASH Atmospheric Correction Model Input Parameters 对话框,如图 4-5 所示。

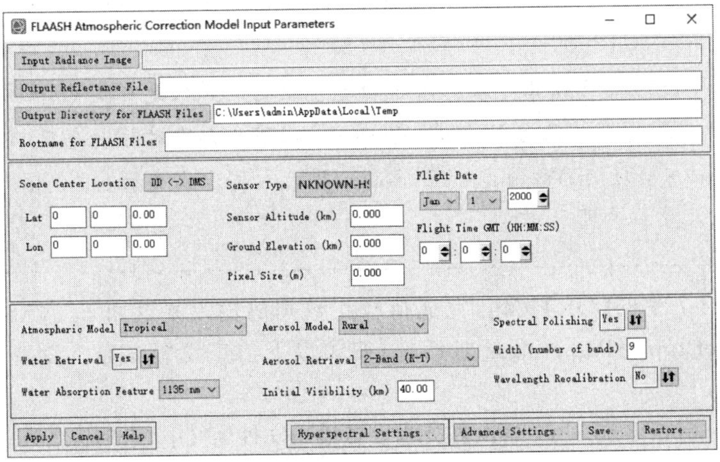

图 4-5 FLAASH 大气校正对话框

(2)单击图 4-5 中的【Input Radiance Image】按钮,选择文件"ConvertInterleave.dat",如图 4-6 所示,单击【OK】按钮,弹出 Radiance Scale Factors 对话框,选择 Use single scale factor for all bands,将 Single scale factor 设置为 10.0,如图 4-7 所示。

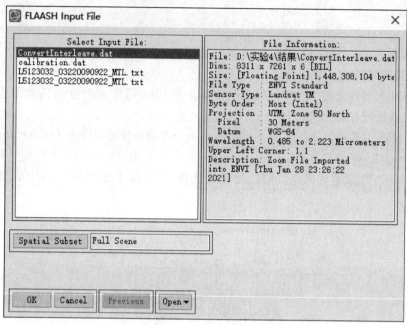

图 4-6　选择大气校正文件

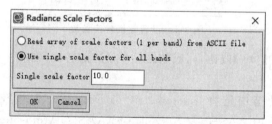

图 4-7　设置输入图像尺度拉伸因子

☆小提示

由于 FLAASH 大气校正要求输入辐射亮度数据的单位是 $\mu W/(cm^2 \cdot nm \cdot sr)$,而辐射定标后的辐射量度单位为 $W/(m^2 \cdot \mu m \cdot sr)$,因此需要对辐射亮度单位进行转换。$\mu W/(cm^2 \cdot nm \cdot sr)=10W/(m^2 \cdot \mu m \cdot sr)$,即输入图像需要拉伸 10 倍。Single scale factor 中输入尺度拉伸因子 10。

---

(3)单击图 4-7 中的【OK】按钮,完成待校正数据的输入并返回 FLAASH Atmospheric Correction Model Input Parameters 对话框,按照以下信息设置参数。设置完成后如图 4-8 所示。

——单击【Output Reflectance File】按钮,设置输出文件为"D:\实验 4\结果\correction.dat"。

——单击【Output Directory for FLAASH Files】按钮,选择输出路径为"D:\实验 4\结果\"。

——Scene Center Location 中心经纬度保持默认(已自动从元数据中读取)。
——Sensor Type 选择 Landsat TM5。
——Ground Elevation 地面高程为 0.045。
——将 Flight Date 设为 2009-9-22,将 Flight Time 设为 2:43:22(从元数据文件中获取)。
——在 Atmospheric Model 选择大气校正模型为 Mid-Latitude Summer(根据成像时间和纬度信息选择,具体参考表 4-1)。
——在 Aerosol Model 选择气溶胶模型为 Urban。
——在 Aerosol Retrieval 选择气溶胶反演方法为 2-Band(K-T)。

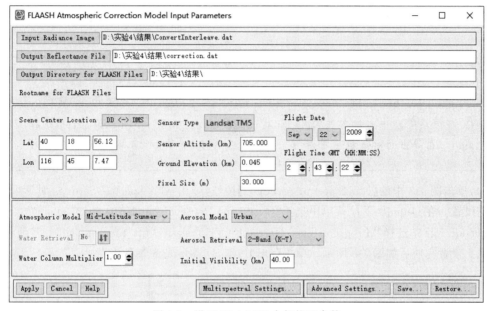

图 4-8　设置 FLAASH 大气校正参数

表 4-1　数据经纬度与获取时间对应的大气模型

北纬/(°)	一月	三月	五月	七月	九月	十一月
80	SAW	SAW	SAW	MLW	MLW	SAW
70	SAW	SAW	MLW	MLW	MLW	SAW
60	MLW	MLW	MLW	SAS	SAS	MLW
50	MLW	MLW	SAS	SAS	SAS	SAS
40	SAS	SAS	SAS	MLS	MLS	SAS
30	MLS	MLS	MLS	T	T	MLS
20	T	T	T	T	T	T
10	T	T	T	T	T	T
0	T	T	T	T	T	T
−10	T	T	T	T	T	T

续表

北纬/(°)	一月	三月	五月	七月	九月	十一月
−20	T	T	T	MLS	MLS	T
−30	MLS	MLS	MLS	MLS	MLS	MLS
−40	SAS	SAS	SAS	SAS	SAS	SAS
−50	SAS	SAS	SAS	MLW	MLW	SAS
−60	MLW	MLW	MLW	MLW	MLW	MLW
−70	MLW	MLW	MLW	MLW	MLW	MLW
−80	MLW	MLW	MLW	SAW	MLW	MLW

> ☆小提示
>
> Flight Date 和 Flight Time 在元数据文件"L5123032_03220090922_MTL.txt"中获得。在图层管理中右键单击"L5123032_0322009022_MTL_MultiSpectral"选择 View Metadata,在弹出的对话框中选择 Time,可以得到具体的图像获取时间。

(4)单击图 4-8 中的【Multispectral Settings…】按钮,弹出 Multispectral Settings 对话框,进行多光谱设置。在 Defaults 下拉菜单中选择"Over-Land Retrieval standard(660:2100 nm)"。在 Filter Function File 中选择"\Program Files\Harris\ENVI55\classic\filt_func\tm.sli"。其他参数保持默认。设置完成后如图 4-9 所示。单击【OK】按钮,完成多光谱参数设置。

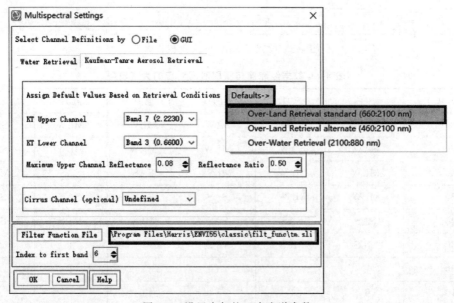

图 4-9 设置大气校正多光谱参数

(5)在 FLAASH Atmospheric Correction Model Input Parameters 对话框(图 4-8)中单击【Apply】按钮,进行 FLAASH 大气校正。得到大气校正结果报表(图 4-10)和大气校正后图像

(图 4-11)。

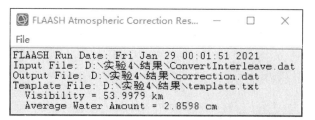

图 4-10 大气校正结果报表

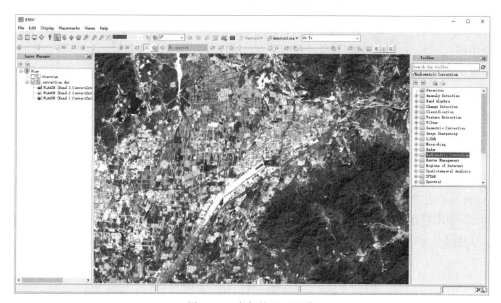

图 4-11 大气校正后图像

六、思考与练习

对实验数据进行辐射校正，比较辐射校正前后图像的差异。

实验五 遥感图像几何校正

一、简 介

引起遥感图像几何畸变的原因主要有遥感平台位置和运动状态变化、地形起伏、地球表面曲率、大气折射和地球自转等。几何校正的目的就是要纠正这些几何畸变,确定校正后图像的行列值,并找到新图像中每一像元的亮度值,从而实现遥感图像与参考图像或地图间的配准校正。

常用的几何校正方法有基于多项式的遥感图像校正、基于共线方程的遥感图像校正、基于有理函数的遥感图像校正、基于自动配准的小面元微分纠正等。本实验采用基于多项式的几何校正,其主要步骤为:

(1)选取地面控制点(ground control point,GCP)。根据下一步多项式计算所需未知系数个数来确定控制点数的最低限,N 次多项式控制点的最少数为 $(N+1)(N+2)/2$,但是实际应用中,为了校正的准确性,控制点数都要大于最低数很多。选取原则为:以配准对象为依据;选取图像上容易分辨并精确的点(如道路交叉点、河流分叉处等);在图像边缘选取一定数量的特征点;特征点均匀分布在整幅图像上。

(2)多项式校正模型构建。通过合适的多项式,建立两幅图像(基准图像和待校正图像)之间的对应关系。多项式模型的表达式为

$$x = \sum_{i=0}^{N} \sum_{j=0}^{N-i} a_{ij} X^i Y^j \tag{5-1}$$

$$y = \sum_{i=0}^{N} \sum_{j=0}^{N-i} b_{ij} X^i Y^j \tag{5-2}$$

式中,x、y 为像元原始图像坐标,X、Y 为校正后的地面坐标。

(3)重采样。控制点的像元一一定位后,为了得到图像上各个点的亮度值,需要按照一定的规则对图像中各个位置像元的亮度值进行计算,即对图像进行重采样。常用的方法有最邻近法(nearest neighbor)、双线性内插法(bilinear)和三次卷积法(cubic convolution),具体信息如表 5-1 所示。

表 5-1 常用重采样方法

重采样方法	简介
最邻近法	将最邻近的像元值直接赋予输出像元。该方法处理速度快,并且不会改变原始栅格值
双线性内插法	采用双线性方程和 2×2 窗口计算输出像元值。该方法重采样结果比最邻近法的结果更加光滑,但改变原来的栅格值,丢失微小特征
三次卷积法	用三次方程和 4×4 窗口计算输出像元值。该方法加强栅格细节,但是算法复杂,计算量大,并改变原来的栅格值,可能超出栅格值域

二、实验目的

(1)了解几何校正的原理和意义。
(2)掌握运用 ENVI 软件对遥感图像进行几何校正的方法。

三、实验内容

在 ENVI 中使用多项式校正方法对遥感图像进行控制点选取,定义不同的重采样方式,实现图像的几何校正。

四、实验数据

路径	文件名称	格式	说明
实验 5\数据\	BLDR_SPOT	img	SPOT 高分辨率图像
实验 5\数据\	BLDR_SPOT	hdr	ENVI 对应头文件
实验 5\数据\	BLDR_TM	img	TM 多光谱图像
实验 5\数据\	BLDR_TM	hdr	ENVI 对应头文件
实验 5\数据\	BLDR_SP	pts	控制点 GCPs 文件

五、实验步骤

(1)在 ENVI 中选择"实验 5\数据\BLDR_SPOT.img",打开 SPOT 高分辨率图像并显示,选择"实验 5\数据\BLDR_TM.img",打开 TM 多光谱图像,如图 5-1 所示。其中,SPOT 图像已具有空间地理信息,将其作为基准影像,将 TM 图像作为待几何校正图像。

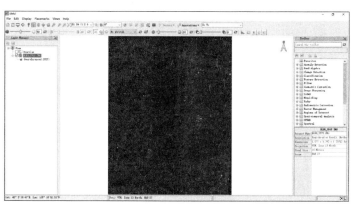

(a)基准图像

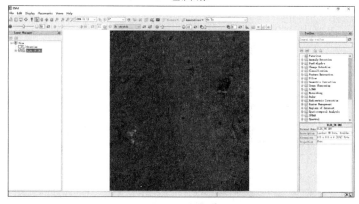

(b)待几何校正图像

图 5-1 基准图像和待几何校正图像

（2）在 ENVI 工具箱中选择 Geometric Correction→Registration→Registration：Image to Image，打开 Select Input Band from Base Image 对话框，选中 SPOT 影像，单击【OK】按钮，打开 Select Input Warp File 对话框，选中 TM 影像。如图 5-2 所示。

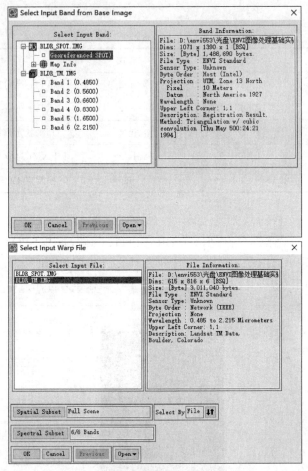

图 5-2　选择基准图像和待几何校正图像

（3）单击图 5-2 中的【OK】按钮，在弹出的 Warp Band Matching Choice 对话框中选择 Band 5，如图 5-3 所示。

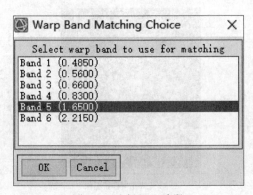

图 5-3　选择匹配波段

(4)单击图 5-3 中的【OK】按钮,在弹出的 ENVI Question 对话框中单击【是】按钮,导入控制点文件,如图 5-4 所示。

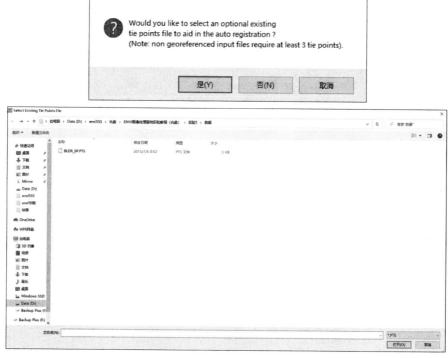

图 5-4　导入控制点文件

(5)单击图 5-4 中的【打开】按钮,在弹出的 Automatic Registration Parameters 对话框中,将最大匹配点数(Number of Tie Points)设为 80,其他保持默认设置,如图 5-5 所示。

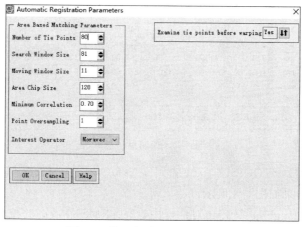

图 5-5　设置自动生成控制点参数

(6)单击图 5-5 中的【OK】按钮,在弹出的 Ground Control Points Selection 对话框(图 5-6)中,可以查看当前控制点数量和总体均方根误差值(RMS),根据需要单击【Add Point】按钮添加控制点,单击【Predict】按钮预测控制点位置。

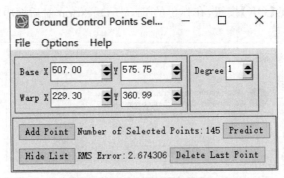

图 5-6　地面控制点选择

> ☆小提示
> 　　Degree 为多项式的阶数,用于计算最少控制点数量(n),其公式为 $n=(Degree+1)\times(Degree+2)/2$。例如,当 Degree 值为 2 时,最少控制点数量为 $(2+1)\times(2+2)/2=6$。

(7)弹出的 Image to Image GCP List 对话框(图 5-7)中可以显示基准图像与待校正图像的 X、Y 坐标信息。

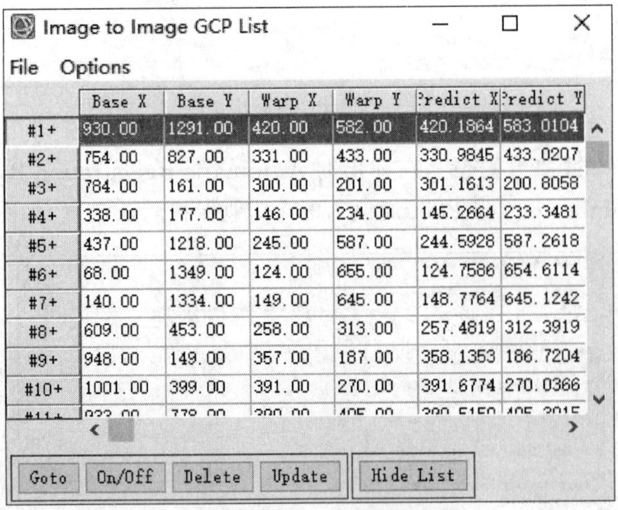

图 5-7　控制点信息

(8)在 Image to Image GCP List 对话框中,选择 Options→Order Points by Error,RMS 值将由高到低排列,结果如图 5-8 所示。

(9)在 Image to Image GCP List 对话框中,选中 RMS 值最高的控制点,单击【Delete】按钮。重复操作,直到 RMS 值小于 1(即一个像元)。

(10)在 Ground Control Points Selection 对话框中选择 Options→Warp File(as Image to Map),弹出 Input Warp Image 对话框,选择"BLDT_TM.IMG"待几何校正文件(TM 图像),如图 5-9 所示。

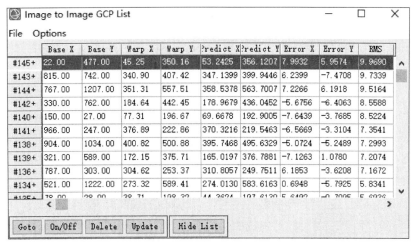

图 5-8　控制点按 RMS 排列

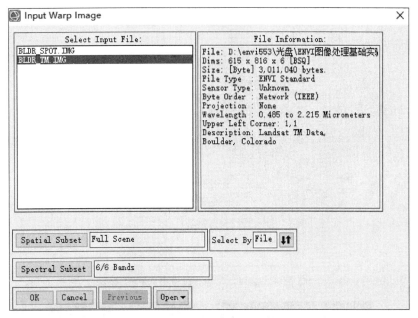

图 5-9　选择几何校正文件

(11)单击图 5-9 中的【OK】按钮，打开 Registration Parameters 对话框。投影参数和像元大小保持默认，与基准图像一致。校正方法(Method)选择多项式(Polynomial)，次数(Degree)选择 2，在重采样方法(Resampling)下拉框中选择最邻近法(Nearest Neighbor)，将背景值(Background)设为 0，在 Enter Output Filename 中设置输出文件的路径和文件名为"实验 5\结果\registration.img"，如图 5-10 所示。

(12)单击图 5-10 中的【OK】按钮，完成几何校正，并将其加载至新的视图窗口。

(13)打开工具栏中的 Cursor Value 窗口，单击 Link views，如图 5-11 所示。

(14)几何校正后的 TM 影像与基准影像关联。可以在基准影像中单击鼠标左键，在校正后的 TM 影像中进行检验，如图 5-12 所示。

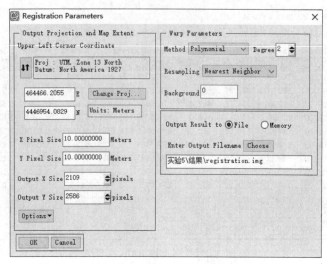

图 5-10 设置几何校正参数

图 5-11 Cursor Value 窗口中关联图像

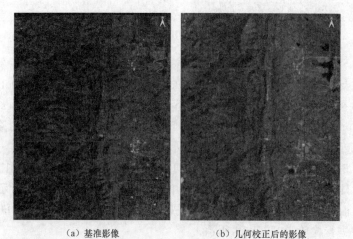

(a) 基准影像　　　　　　(b) 几何校正后的影像

图 5-12 查看几何校正结果

除了上述的几何校正方法外,ENVI还提供了影像配准的流程化工具(Image Registration Workflow),在该工具中同样可以进行几何校正,具体操作流程如下:

(1)在工具箱中依次单击 Geometric Correction → Registration → Image Registration Workflow,导入基准影像和待几何校正影像,如图 5-13 所示。

(2)单击图 5-13 中的【Next】按钮,在 Seed Tie Points 复选框中添加控制点。在基准影像中寻找明显的地物特征,将光标移动到该位置,单击鼠标左键,然后在待几何校正影像中找到相对应的位置,单击鼠标左键,单击对话框中的绿色加号,生成一个控制点,如图 5-14 所示。影像上生成的控制点如图 5-15 所示。

图 5-13　导入影像　　　　　　　　图 5-14　添加控制点

图 5-15　在影像上生成控制点

(3)当手动添加多于 3 个控制点之后,就可以勾选 Predict Warp Location,自动生成控制点,如图 5-16 所示。

(4)自动生成控制点后可以根据误差大小对控制点进行筛选,如图 5-17 所示。

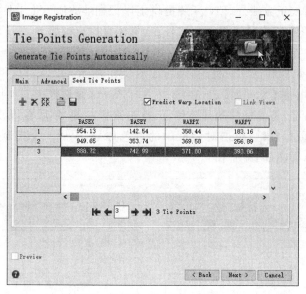

图 5-16　勾选 Predict Warp Location

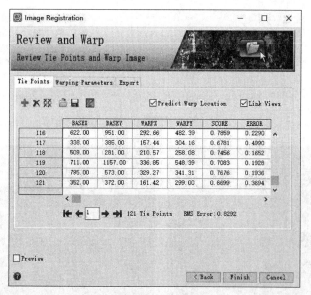

图 5-17　自动生成控制点

(5)单击图 5-17 中的【Finish】按钮,在 Output Filename 中设置校准后的影像路径和文件名为"实验 5\结果\registration.dat",并保存控制点文件到相同目录下,如图 5-18 所示,单击【Finish】按钮,完成几何校正。

六、思考与练习

(1)进行几何校正时选择不同的几何校正方法与重采样方法(如 RST 几何校正法、三次卷积重采样方法等),比较得出的结果有何不同。

(2)查看几何校正后的图像,思考哪些因素会影响几何校正的精度。

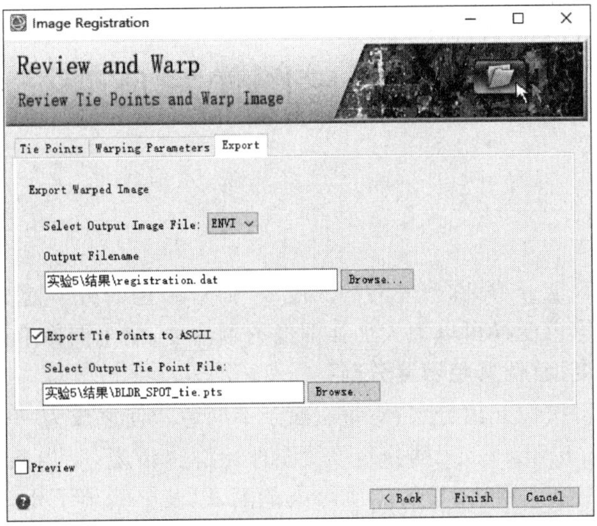

图 5-18　设置文件输出路径

实验六　遥感图像彩色变换

一、简　介

一般情况下人眼只能分辨 20 个左右的灰度级，而对彩色的分辨能力可以达到 100 多种，因此对遥感图像进行彩色变换可以大大加强图像的可读性，便于图像解译。

(一)单波段彩色变换(伪彩色密度分割)

单波段遥感图像可按像元值分层，对每层赋予不同色彩使之成为一幅彩色图像，就是所谓的密度分割(density splitting)。密度分割可使图像轮廓更清晰，突出某些具有一定色调特征的地物及分布状态，在隐伏构造、显示环境污染范围，以及寻找地下水等方面有广泛的应用。密度分割后所得彩色图像的色彩是人为赋予的，一般并不代表地物的实际颜色，所以一般也称密度分割为伪彩色密度分割。

例如，对一幅具有 255 个灰度级的图像进行分层，将像元值为 0～50 的划分为第一层，赋值为 1；像元值 51～150 为第二层，赋值为 2；像元值 151～255 为第三层，赋值为 3。再令 1、2、3 分别代表不同的颜色，就得到一幅伪彩色密度分割图像。

(二)多波段彩色合成

根据加色法彩色合成原理，选取遥感图像的三个波段，分别赋予红色、绿色和蓝色，得到彩色合成图像。

多波段图像的波段选择十分重要，它决定了彩色图像显示地物信息的丰富性或某一方面信息的突出性。当合成图像三原色的选择与真实光谱波段相同时，称为真彩色合成；当三原色选择与原来遥感波段所代表的真实颜色不同时，称为伪彩色合成。

以 Landsat TM 图像为例，波段 1 为蓝波段(0.45～0.52 μm)，波段 2 为绿波段(0.52～0.60 μm)，波段 3 为红波段(0.63～0.69 μm)，波段 4 为近红外波段(0.76～0.90 μm)。若对 4、3、2 波段分别赋予红、绿和蓝色，合成的彩色图像称为标准假彩色图像。对 3、2、1 波段分别赋予红、绿和蓝色，合成的图像称为真彩色图像。两种波段组合条件下地物光谱特征如表 6-1 所示。

表 6-1　不同组合条件下地物光谱特征

波段组合	图像特征	应用领域
TM 432(RGB) 标准假彩色	植被呈现红色调；深红色/亮红色为阔叶林；浅红色为草地等生物量较小的植被；水体呈黑色；密集的城市地区为青灰色	在植被、农作物、土地利用和湿地分析的遥感方面，这是最常用的波段组合
TM 321(RGB) 真彩色	健康植被呈绿色；深水呈深蓝色；浅水呈浅蓝色；水体悬浮物为絮状；土壤为棕色或褐色	对浅水透视效果好，可用于监测水体的浊度、含沙量、水体沉淀物质形成的絮状物、水底地形

(三)彩色空间变换

RGB 彩色模式还有很多不同的彩色模式，如 IHS、HSV、HLS 等。HLS 是色度(hue,

H)、明度(lightness,L)和饱和度(saturation,S)的彩色模式,几乎包括人类视力所感知的所有颜色,视觉效果较好。

色调指颜色的类别取值范围是 0～360;明度指色彩的明亮程度,取值范围是 0～1;饱和度代表颜色的纯度,取值范围是 0～1。将 RGB 彩色模式转换为 HLS 彩色模式称为 HLS 正变换,将 HLS 彩色模式转换为 RGB 彩色模式称为 HLS 逆变换。

二、实验目的

(1) 理解遥感图像彩色变换的基本原理。
(2) 掌握运用 ENVI 软件对遥感图像进行密度分割、彩色合成和 HLS 变换的方法。

三、实验内容

在 ENVI 中对单波段遥感图像进行伪彩色密度分割;然后对多光谱遥感图像进行真彩色合成显示;最后对真彩色图像进行 HLS 变换。

四、实验数据

路径	文件名称	格式	说明
实验 6\数据\	test6	img	TM 多波段图像
实验 6\数据\	test6	hdr	ENVI 对应头文件
实验 6\数据\	TM_beijing	img	北京 TM 多光谱图像
实验 6\数据\	TM_beijing	hdr	ENVI 对应头文件

五、实验步骤

(一) 密度分割

(1) 在 ENVI 中选择"实验 6\数据\test6.img",打开 TM 单波段图像并显示,如图 6-1 所示。

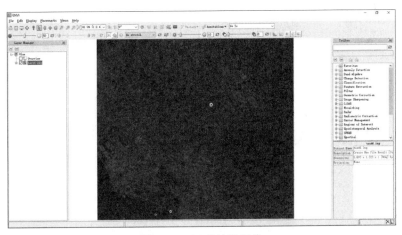

图 6-1　TM 单波段图像

(2)在 ENVI 工具箱中选择 Classification→Raster Color Slice,打开 Data Selection 对话框,选中"test6.img",如图 6-2 所示。

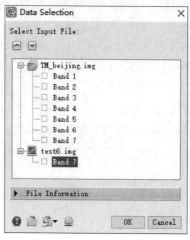

图 6-2　选择密度分割输入波段

(3)单击图 6-2 中的【OK】按钮,在弹出的 Edit Raster Color Slices:Raster Color Slice 对话框(图 6-3)中单击 按钮,打开 Default Raster Color Slices 对话框,将切片数(Num Slices)设为 5,如图 6-4 所示。

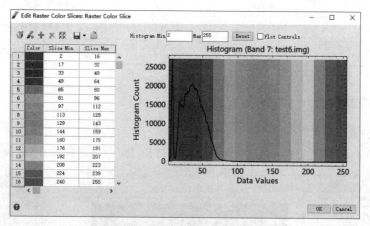

图 6-3　密度分割对话框

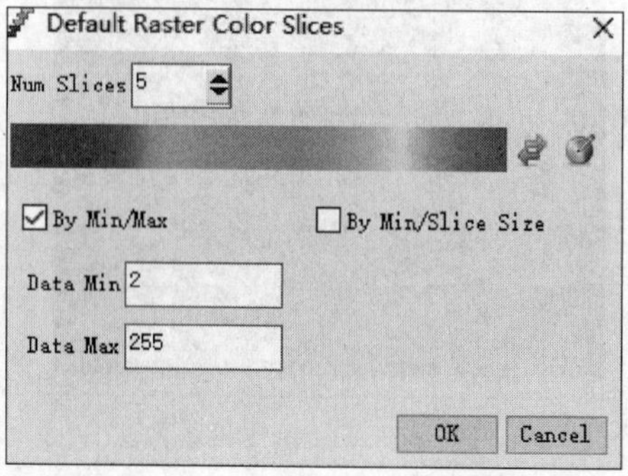

图 6-4　选择密度分割层数

(4)单击图 6-4 中的【OK】按钮,返回 Edit Raster Color Slices:Raster Color Slice 对话框。设置每一个分割层的分割范围与颜色。第一层范围是 3~9,颜色为红色(red);第二层范围是 10~23,颜色为绿色(green);第三层范围是 24~39,颜色为蓝色(blue);第四层范围是 40~47,颜色为黄色(yellow);第五层范围是 48~255,颜色为青色(cyan),如图 6-5 所示。

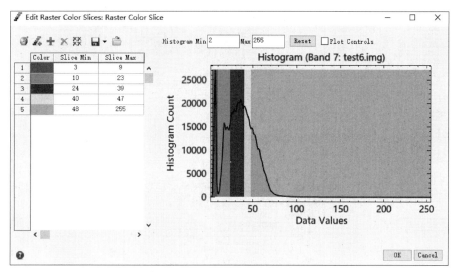

图 6-5　设置密度分割参数

(5)单击图 6-5 中的【OK】按钮,完成密度分割,显示效果如图 6-6 所示。

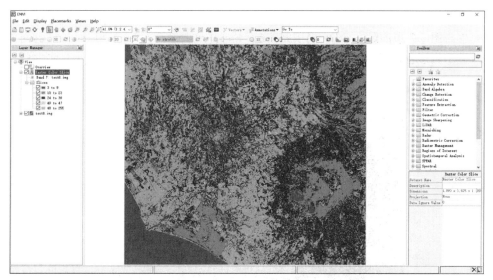

图 6-6　密度分割图像显示

> ☆小提示
> 在 Default Raster Color Slices 对话框中,通过 By Min/Slice Size 选项可以按照最小值/分割区间的方式设置密度分割参数。

(二)彩色合成

(1)在 ENVI 中选择"实验 6\数据\TM_beijing.img",打开 TM 多光谱图像。

(2)在 Data Manager 对话框中,单击 Band Selection,然后依次单击 Band 3、Band 2 和 Band 1,如图 6-7 所示。

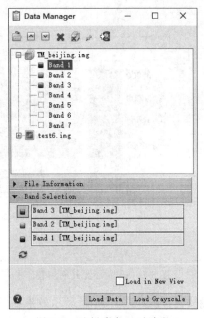

图 6-7　选择彩色显示波段

(3)单击图 6-7 中的【Load Data】按钮,在工具栏中选择 No stretch→Linear 2%,对图像进行拉伸,显示真彩色图像,如图 6-8 所示。

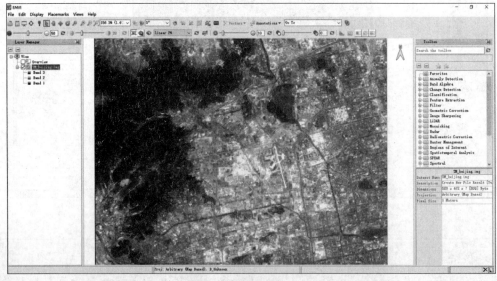

图 6-8　真彩色图像显示

(4)右键单击 TM_Beijing 图层,在打开的 Export Layer to TIFF 对话框中设置输出文件的路径和文件名为"实验 6\结果\true color.tif"。设置完成后如图 6-9 所示。

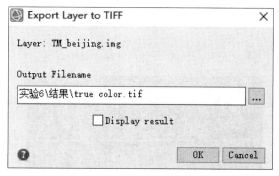

图 6-9 保存真彩色显示图像

(5)单击图 6-9 中的【OK】按钮,完成真彩色图像显示结果的保存。

(三)HLS 变换

(1)在 ENVI 工具箱中选择 Transform→Color Transforms→RGB to HLS Color Transform,在弹出的 RGB to HLS Input Bands 对话框中选择"true color.tif"的 Band 3、Band 2 和 Band 1 分别对应 R、G 和 B,如图 6-10 所示。

(2)单击图 6-10 中的【OK】按钮,弹出 RGB to HLS Parameters 对话框。在 Enter Output Filename 中设置输出文件的路径和文件名为"实验 6\结果\hls_transform.img",设置完成后如图 6-11 所示。

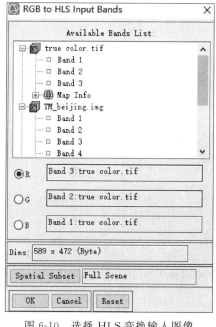

图 6-10 选择 HLS 变换输入图像

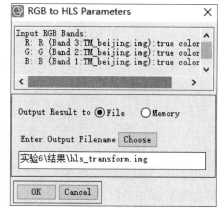

图 6-11 保存数据

(3)单击图 6-11 中的【OK】按钮,完成 RGB 到 HLS 变换,结果如图 6-12 所示。

(4)在 ENVI 工具箱中选择 Transform→Color Transforms→HLS to RGB Color Transform,在弹出的 HLS to RGB Input Bands 对话框中选择"hls_transform.img"的 Hue、Lit 和

Sat 三个波段。选择完成后,列表下方的 HLS 标签中分别对应显示三个波段,如图 6-13 所示。

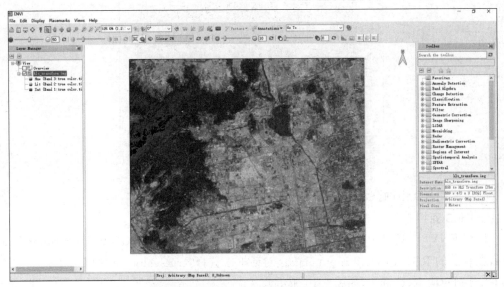

图 6-12 HLS 图像显示

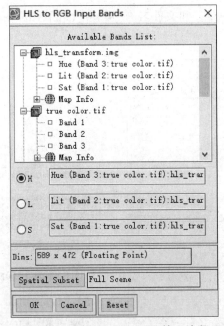

图 6-13 选择 HLS to RGB 输入波段

(5)单击图 6-13 中的【OK】按钮,弹出 HLS to RGB Parameters 对话框。在 Enter Output Filename 中设置输出文件的路径和文件名为"实验 6\结果\rgb_transform.img",如图 6-14 所示。

(6)单击图 6-14 中的【OK】按钮,完成 HLS 到 RGB 变换,结果如图 6-15 所示。

图 6-14　设置 HLS to RGB 参数

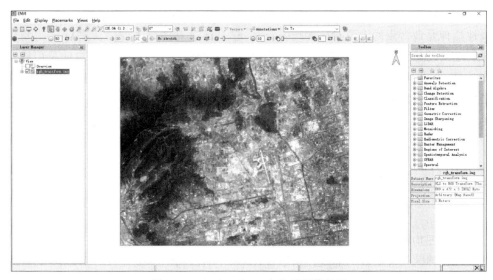

图 6-15　HLS to RGB 变换后图像显示

六、思考与练习

(1)对遥感图像"实验 6\数据\TM_beijing"进行标准假彩色显示(提示:TM 图像标准假彩色指对 4、3、2 波段分别赋予红、绿和蓝色)。

(2)对上述标准假彩色图像进行 RGB 到 HSV 的正变换。

实验七　遥感图像对比度增强

一、简　介

遥感图像中,亮度的最大值与最小值之比称为对比度。对比度不足会使图像看起来暗淡、模糊,无法清楚地表现图像中地物之间的差异;对比度下降将影响图像的进一步处理和分析。导致遥感图像对比度下降的因素有地物本身辐射特性、传感器响应特性、大气作用、人为因素及其他因素等。对比度增强就是通过改变图像中像元的亮度值来改变图像的对比度,从而改善图像质量,可以突出有价值的地物信息,提高遥感图像的目视解译效果。

常用的对比度增强方法有线性拉伸、直方图均衡化和直方图匹配等。

(一)线性拉伸

线性拉伸是最常用的图像对比度增强方法,它是通过对图像的像元值进行比例变化来加大图像灰度的动态范围,从而达到增强图像对比度的效果。顾名思义,线性拉伸采用线性函数为拉伸函数,通过对波段中的单个像元值进行处理,以实现图像对比度增强。在此过程中,直方图是选择拉伸方法的依据。当变化前图像亮度 X 取值范围是 $[a,b]$,增强后图像亮度值 Y 取值范围是 $[c,d]$ 时,由于线性拉伸的变换关系是直线,所以线性拉伸公式为

$$\frac{Y-c}{d-c}=\frac{X-a}{b-a} \qquad X\in[a,b], Y\in[c,d] \tag{7-1}$$

整理式(7-1),可以得到线性拉伸的基本公式

$$Y=\frac{d-c}{b-a}(X-a)+c \tag{7-2}$$

(二)直方图均衡化

非线性拉伸的拉伸函数为非线性函数。相对于线性拉伸,非线性拉伸可以逐渐增加或减少一段范围内的反差。常用的非线性函数包括指数函数、对数函数、平方根和高斯函数等。直方图均衡化是一种非线性拉伸。

直方图均衡化的基本思想是对原始图像的像元灰度做某种映射变换,使变换后图像的灰度级均匀分布。这样可以增加图像灰度的动态范围,提高图像的对比度,使图像的细节更加清楚。但是,在增大图像反差的同时,直方图均衡化也会增加图像的颗粒感。

理论上讲,直方图均衡化后,每个灰度级的像元频率应相等,直方图的顶部形态应为理想的直线,但实际上均衡化后的直方图并非如此。这是由于图像是离散函数,各灰度级的像元个数有限,在某些灰度级处像元数较多,而在另一些灰度级处像元数很少甚至可能没有。

(三)直方图匹配

直方图匹配又称直方图规定化,是为了将单波段图像直方图变成规定形状直方图而对图像进行转换的一种增强方法。其规定转换形状的直方图可以是特定函数形式的直方图,从而使转换后图像的亮度变化服从此函数分布,也可以是参考图像的直方图,通过转换使两幅图像的亮度变化规律接近。

在遥感图像处理中,直方图匹配可应用于:①图像镶嵌中,通过直方图匹配使相邻两幅图像的色调和反差趋于相似;②多时相图像处理中,以一个时相的图像为标准,调节其他时相图像的色调和反差与其接近,以便作进一步处理;③以一幅增强后比较满意的图像为标准,对其他图像作处理,期望得到类似的结果。

二、实验目的

(1)了解图像对比度增强的原理。
(2)掌握 ENVI 软件中线性拉伸、直方图均衡与直方图匹配等对比度增强方法。

三、实验内容

在 ENVI 中,对实验数据进行线性拉伸、直方图均衡化与直方图匹配,达到对比度增强的目的。

四、实验数据

路径	文件名称	格式	说明
实验 7\数据\	test7	img	TM 多光谱图像
实验 7\数据\	test7	hdr	ENVI 对应头文件
实验 7\数据\	object 2008	img	匹配参考图像
实验 7\数据\	object 2008	hdr	ENVI 对应头文件
实验 7\数据\	tm 2008	img	待匹配图像
实验 7\数据\	tm 2008	hdr	ENVI 对应头文件

五、实验步骤

(一)线性拉伸

(1)在 ENVI 中选择"实验 7\数据\test7.img",打开 TM 多光谱图像并显示,如图 7-1 所示。

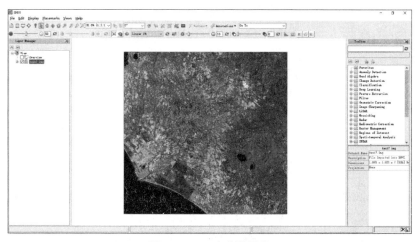

图 7-1　TM 多光谱图像

(2)在工具箱中选择 Raster Management→Stretch Data,选择待拉伸的数据"test7.img",如图 7-2 所示。

图 7-2　数据选择

(3)单击图 7-2 中的【OK】按钮,弹出 Data Stretching 对话框,拉伸类型(Stretch Type)选择线性(Linear),拉伸范围(Stretch Range)选择按照百分比(By Percent),范围设置为 2%～98%,输出数据范围(Output Data Range)设置为 0～255,在 Enter Output Filename 中设置输出文件的路径和文件名为"实验7\结果\ linear",如图 7-3 所示。

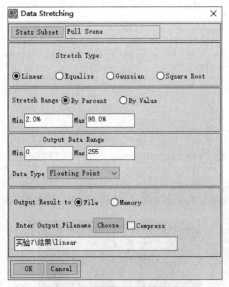

图 7-3　拉伸方法选择

☆小提示

　　Stretch Range 中的 2%～98%是指将 DN 值累积在 2%～98%的像元值进行拉伸,取 DN 值累积在 2%处对应的光谱值为 MinValue,98%处对应的光谱值为 MaxValue。如果像元值大于 MinValue 且小于 MaxValue,则将其进行拉伸。

(4)单击图 7-3 中的【OK】按钮，对图像进行线性拉伸。结果如图 7-4 所示。

 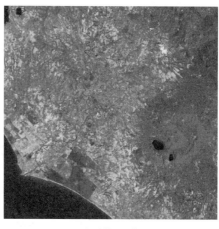

(a) 拉伸前图像　　　　　　　　　　(b) 拉伸后图像

图 7-4　线性拉伸结果

(二) 直方图均衡化

(1) 在 ENVI 中选择"实验 7\数据\test7.img"，打开 TM 多光谱图像并显示，如图 7-1 所示。

(2) 在工具栏中选择 No stretch→Equalization（图 7-5），对图像进行直方图均衡化显示。均衡化结果如图 7-6 所示。

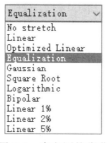

图 7-5　直方图均衡化

 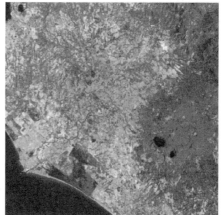

(a) 均衡化前图像　　　　　　　　　　(b) 均衡化后图像

图 7-6　直方图均衡化结果

☆小提示

（1）直方图均衡化的本质是对图像的非线性拉伸。通过重新分配像元值，实现灰度值在一定范围内数量平衡，整体改善图像的显示亮度值。

（2）直方图均衡化也可以采用自定义的方式拉伸，具体操作类似本实验的实验步骤（一）。

（3）在菜单栏中选择 File→Save As→Save As...，打开 Save File As Parameters 对话框。在 Output Format 下拉菜单中选择 ENVI，在 Output Filename 中设置输出文件的路径和文件名为"实验7\结果\equalization.img"，其他设置保持默认。设置完成后如图 7-7 所示。

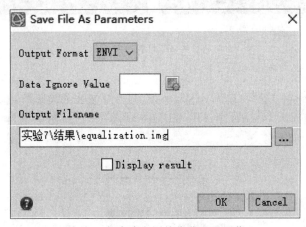

图 7-7　保存直方图均衡化显示图像

（4）单击图 7-7 中的【OK】按钮，保存直方图均衡化图像。

（三）直方图匹配

（1）下载直方图匹配（Histogram Matching）插件，将 .sav 格式的文件复制到 ENVI 安装目录下的 extensions 文件夹中，如图 7-8 所示。

图 7-8　配置 Histogram Matching 插件

（2）在 ENVI 中选择"tm 2008.img"为待匹配图像，选择"object 2008.img"为直方图匹配参考图像，如图 7-9 所示。

(3) 在工具箱中选择 Extensions→Histogram Match, 待匹配图像选择"tm 2008.img", 如图 7-10 所示, 参考图像选择"object 2008.img", 如图 7-11 所示。

(a) 待匹配图像

(b) 参考图像

图 7-9　直方图待匹配图像和参考图像

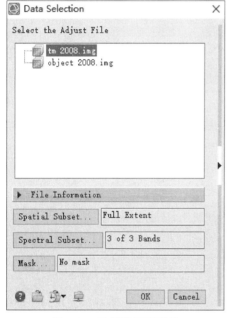
图 7-10　选择待匹配图像

图 7-11　选择参考图像

(4) 设置输出文件的路径和文件名为"实验 7\结果\histogram match.img", 并在 ENVI 中显示输出结果, 如图 7-12 所示。

六、思考与练习

(1) 对遥感图像"实验 7\数据\test7.img"进行自定义的直方图均衡化。
(2) 对同一幅图像采用不同的对比度增强方法, 比较采用不同方法得到图像的特点。

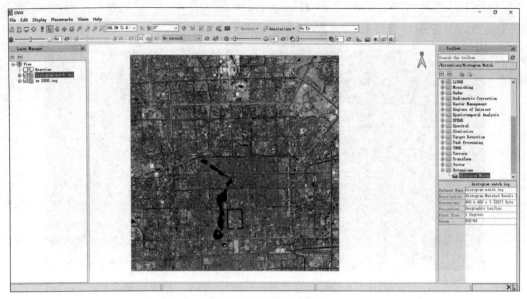

图 7-12　直方图匹配结果

实验八　遥感图像空间增强

一、简　介

空间增强考虑每个像元及其周围像元亮度之间的关系,从而突出图像的某些空间特征,如边缘或纹理等。它包括空间滤波、傅里叶变换和空间变换等。空间滤波(spatial filtering)是在图像空间域或空间频率域,对输入图像应用若干滤波函数对其中某些空间或频率特征的信息进行增强或抑制,从而对图像进行增强的技术。空间滤波不仅考虑当前像元值,还考虑其与周围相邻像元的关系,采取邻域处理方法,达到图像增强的目的。卷积(convolution)是一种常用的空间滤波方法。卷积运算可以使图像得到平滑或锐化。图像卷积是通过卷积模板实现的。首先选定一个卷积模板 $t(m,n)$,然后在图像的左上角开一个与卷积模板同样大小的窗口 $\varphi(m,n)$,将模板放在窗口图像上,计算两者相应位置的像元灰度值的乘积,然后再求和,将结果值作为该窗口中心像元的新的灰度值,完成一次卷积运算。再移动窗口至下一像元,重复利用模板做相同的计算,直到将图像中所有的像元都遍历完,最后生成一幅新的图像。

通过不同的卷积模板可以实现不同的增强,如平滑、锐化、非定向边缘检测、自适应滤波和统计滤波等。常用的平滑和锐化的卷积模板如表 8-1 所示。

表 8-1　常用的平滑和锐化卷积模板

类型	方法名称	算子描述	效果描述
平滑处理	均值滤波	$\frac{1}{9}\begin{bmatrix} 1 & 1 & 1 \\ 1 & 1 & 1 \\ 1 & 1 & 1 \end{bmatrix}$ 或 $\frac{1}{8}\begin{bmatrix} 1 & 1 & 1 \\ 1 & 0 & 1 \\ 1 & 1 & 1 \end{bmatrix}$	算法简单,计算速度快,但去掉尖锐噪声的同时造成了图像的模糊
	中值滤波	将窗口内所有像元值按照大小排序后,取中值作为中心像元的输出值	在抑制噪声的同时能够有效地保留边缘,减少模糊
	高斯滤波	$\begin{bmatrix} -1 & -1 & -1 \\ -1 & 8 & -1 \\ -1 & -1 & -1 \end{bmatrix}$ 或 $\begin{bmatrix} 0 & -1 & 0 \\ -1 & 5 & -1 \\ 0 & -1 & 0 \end{bmatrix}$	对高斯噪声去除非常有效
锐化处理	罗伯茨算子	$h_1 = \begin{bmatrix} 1 & 0 \\ 0 & -1 \end{bmatrix} h_2 = \begin{bmatrix} 0 & -1 \\ 1 & 0 \end{bmatrix}$	突出边缘信息,会模糊部分亮度差异部分
	索贝尔算子	$h_1 = \begin{bmatrix} 1 & 0 \\ 0 & -1 \end{bmatrix} h_2 = \begin{bmatrix} 0 & -1 \\ 1 & 0 \end{bmatrix}$	非线性边缘增强,对于含有大量噪声的图像不适用
	拉普拉斯算子	$\begin{bmatrix} 0 & 1 & 0 \\ 1 & -4 & 1 \\ 0 & 1 & 0 \end{bmatrix}$ 或 $\begin{bmatrix} 1 & 1 & 1 \\ 1 & -8 & 1 \\ 1 & 1 & 1 \end{bmatrix}$	不检测均匀的亮度变化,而是检测变化的变化率。用于边缘增强,可以不考虑边缘方向

二、实验目的

(1)了解空间增强的原理。
(2)掌握用 ENVI 软件对遥感图像进行空间增强的方法。

三、实验内容

在 ENVI 软件中,选择合适的卷积模板,对遥感图像进行增强和自适应滤波,实现图像的平滑与锐化,比较处理后的实验结果,了解空间增强的不同效果。

四、实验数据

路径	文件名称	格式	说明
实验8\数据\	test8	img	雷达单波段图像
实验8\数据\	test8	hdr	ENVI 对应头文件

五、实验步骤

(一)卷积滤波

(1)在 ENVI 中选择"实验8\数据\test8.IMG",打开雷达单波段图像并显示,如图 8-1 所示。

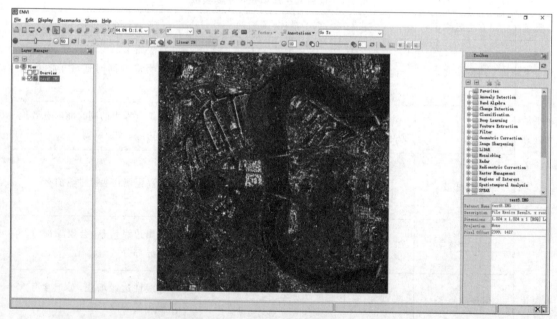

图 8-1 雷达单波段图像

(2)在 ENVI 工具箱中选择 Filter→Convolutions and Morphology,打开 Convolutions and Morphology Tool 对话框,如图 8-2 所示。

(3)本实验以高斯低通滤波为例。在 Convolutions and Morphology Tool 对话框中选择

Convolutions→Low Pass Gaussian,卷积核大小(Kernel Size)保持默认设置3×3,设置完成后如图8-3所示。

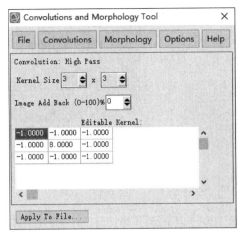

图8-2 Convolutions and Morphology Tool 对话框

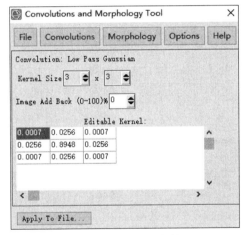

图8-3 设置滤波参数

☆小提示

(1)Convolutions(卷积)选项中能够设置卷积模板,包括高通滤波、低通滤波、拉普拉斯算子、方向滤波、高斯高通滤波、高斯低通滤波、中值滤波、索贝尔(Sobel)算子和罗伯茨(Roberts)算子等。

(2)Kernel Size,确定卷积窗口的大小,一般为奇数,常用的算子为3×3、5×5和7×7,根据实际需要可以自己设定。

(3)Image Add Back(0~100)%(图像加回),是原始图像在输出图像所占的百分比,值越大,图像信息保留情况越好,常用于图像锐化。

(4)单击图8-3中的【Apply To File...】按钮,打开Convolution Input File对话框,选中"test8.IMG"文件,如图8-4所示。

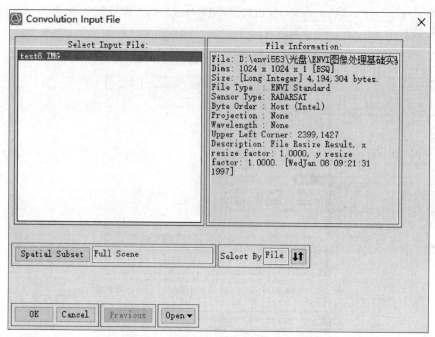

图 8-4　选择滤波文件

(5)单击图 8-4 中的【OK】按钮,打开 Convolution Parameters 对话框,在 Enter Output Filename 中设置输出文件的路径和文件名为"实验 8\结果\Gaussian Low Pass.img",如图 8-5 所示。

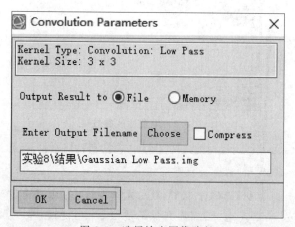

图 8-5　选择输出图像路径

(6)单击图 8-5 中的【OK】按钮,执行卷积处理,结果如图 8-6 所示。

(7)重复步骤(2)至步骤(6),分别选取不同的卷积模板(如索贝尔算子和中值滤波),可以观察到不同的运算效果,如图 8-7 所示。

(二)自适应滤波

(1)本实验以增强 Lee 滤波为例。在工具箱中选择 Filter→Enhanced Lee Filter,打开 Enhanced Lee Filter Input File 对话框,选中"test8.IMG",如图 8-8 所示。

实验八　遥感图像空间增强　　55

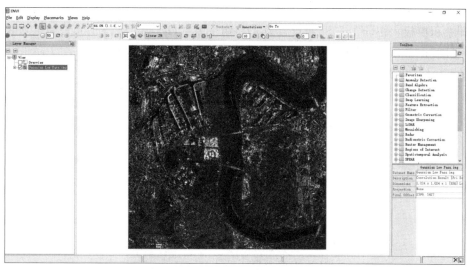

图 8-6　高斯低通滤波结果

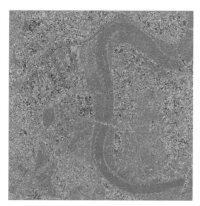

（a）索贝尔滤波　　　　　　　　　　　（b）中值滤波

图 8-7　索贝尔滤波和中值滤波结果

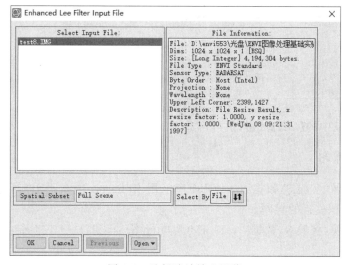

图 8-8　选择滤波输入图像

(2)单击图 8-8 中的【OK】按钮,打开 Enhanced Lee Filter Parameters 对话框,将滤波窗口大小,即卷积模板大小(Filter Size)设置为 3,将阻尼系数(Damping Factor)设为 1.000,在 Enter Output Filename 中设置文件的路径和文件名为"实验 8\结果\Enhanced Lee.img",其他设置保持默认。设置完成后应如图 8-9 所示。

图 8-9　设置滤波参数

☆小提示

(1)Damping Factor,阻尼系数越大,图像越不均匀,保留的边缘信息越多,但平滑较少。对于大多数雷达图像,保持默认值 1 即可。

(2)同质区域(Homogenous Areas)边界值 C_u 与异质区域(Heterogeneous Areas)边界值 C_{max} 用于限定像元类别。当方差系数≤C_u 时,为相似像元;当 C_u<方差系数<C_{max} 时,为差异像元;当方差系数≥C_{max} 时,为指向目标的像元。

(3)根据等效视数 L 确定雷达图像的 C_u 值与 C_{max} 值。其中 $C_u = \dfrac{0.523}{\sqrt{L}}$,$C_{max} = \sqrt{1+\dfrac{2}{L}}$。

(3)单击图 8-9 中的【OK】按钮,执行自适应滤波,结果如图 8-10 所示。

六、思考与练习

(1)对遥感图像"实验 8\数据\test8.IMG"采用 Roberts 卷积模板进行滤波,比较其结果与采用 Median 卷积模板的异同。

(2)对遥感图像"实验 8\数据\test8.IMG"进行 Frost 滤波,比较其结果与采用增强 Lee 滤波的异同。

实验八 遥感图像空间增强

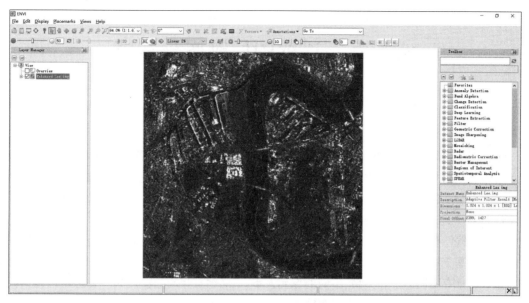

图 8-10 增强 Lee 滤波结果

实验九　遥感图像镶嵌与裁剪

一、简　介

单幅遥感图像有时不能完全覆盖研究区域,此时需要将两幅或多幅图像拼接,形成一幅或一系列覆盖研究区域的较大图像,这个过程就是图像镶嵌。有时遥感图像覆盖范围很大,远远超出研究区域,此时就要对图像进行裁剪。图像裁剪的目的是将研究区之外的区域去除。

(一)基于地理坐标的图像镶嵌

ENVI 软件有基于像元和基于地理坐标的两种镶嵌方法。本实验采用基于地理坐标的图像镶嵌方法。基于地理坐标的图像镶嵌要求待镶嵌图像必须含有地图投影信息,虽然所有的待镶嵌图像可以具有不同的投影类型、不同的像元大小,但必须有相同的波段数。在进行图像镶嵌时需要确定一幅参考图像,将其作为图像镶嵌的基准,决定输出图像的地理投影、像元大小和数据类型。为了便于图像镶嵌,一般要保证镶嵌图像之间有一定的重复区域并进行亮度值匹配。

(二)不规则分幅裁剪

图像裁剪可以采取规则分幅裁剪和不规则分幅裁剪两种方法。规则分幅裁剪的裁剪边界是一个规则矩形;不规则分幅裁剪的裁剪边界是一个完整闭合的任意多边形,该多边形可以是事先生成的一个多边形区域,可以是一个手工绘制的关注区(ROI)多边形,也可以是矢量文件。

二、实验目的

(1)了解图像镶嵌、裁剪的定义。
(2)掌握运用 ENVI 软件对图像进行基于地理坐标的图像镶嵌、不规则分幅裁剪的方法。

三、实验内容

在 ENVI 中对两幅有地理坐标的遥感图像进行图像镶嵌,然后对镶嵌后图像进行不规则分幅裁剪。

四、实验数据

路径	文件名称	格式	说明
实验9\数据\	LCH_01W	img	基于地理坐标镶嵌图像
实验9\数据\	LCH_01W	hdr	ENVI 对应头文件
实验9\数据\	LCH_02W	img	基于地理坐标镶嵌图像
实验9\数据\	LCH_02W	hdr	ENVI 对应头文件
实验9\数据\	DV06_2	img	基于像元镶嵌图像
实验9\数据\	DV06_2	hdr	ENVI 对应头文件

续表

路径	文件名称	格式	说明
实验9\数据\	DV06_3	img	基于像元镶嵌图像
实验9\数据\	DV06_3	hdr	ENVI对应头文件

五、实验步骤

(一)基于地理坐标的图像镶嵌

(1)在 ENVI 菜单栏中选择 File→Open,选择"实验9\数据\LCH_01W.IMG"与"实验9\数据\LCH_02W.IMG",加载待镶嵌图像(图9-1)。

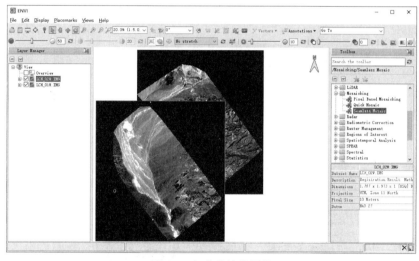

图 9-1 加载待镶嵌图像

(2)在工具箱(Toolbox)中选择 Mosaicking→Seamless Mosaic,打开 Seamless Mosaic 对话框,单击左上方,选中"LCH_01W.IMG"和"LCH_02W.IMG",单击【OK】按钮,打开并选中待镶嵌图像,如图9-2 所示。勾选右上角的显示预览(Show Preview)选项,可以预览镶嵌效果。

图 9-2 选择待镶嵌图像

(3)在 Seamless Mosaic 对话框中单击颜色校正(Color Correction)复选框,如图 9-3 所示,勾选 Histogram Matching 选项。

图 9-3 匀色处理

(4)在 Seamlines 下拉菜单中选择自动生产拼接线(Auto Generate Seamlines),即可自动绘制接边线。

图 9-4 设置基准图像羽化参数

(5)在 Seamlines 下拉菜单中选择开始手动编辑接边线(Start editing seamlines),即可编辑接边线,如图 9-5 所示。

实验九　遥感图像镶嵌与裁剪　　61

图 9-5　编辑接边线

☆小提示
　　(1)羽化用于调和待镶嵌图像间的连接线,使之适当模糊,以产生较自然的镶嵌效果。ENVI 提供边缘羽化和切割线羽化两种方式。
　　(2)边缘羽化中,羽化半径为 20 表示从距离边缘线 20 个像元起开始进行羽化处理,顶部图像与底部图像按照百分比混合输出,距离边缘线越远,顶部图像所占百分比越大(边缘处为 0),距离边缘线 10 个像元时,顶部和底部各占 50% 来混合计算输出图像。

　　(6)在 Seamless Mosaic 对话框中选择 Export,设置重抽样方法(Resampling Method)为 Nearest Neighbor,Data Ignore Value 为 0,在 Output Filename 中设置输出文件的路径和文件名为"实验 9\结果\LCH_mosaic.img"。设置完成后如图 9-6 所示。

图 9-6　输出镶嵌结果

(7)单击图 9-6 中的【Finish】按钮,完成图像镶嵌。

(二)不规则分幅裁剪

(1)在 ENVI 中选择"实验 9\结果\LCH_mosaic.img",打开镶嵌结果图像并显示在视图窗口,如图 9-7 所示。

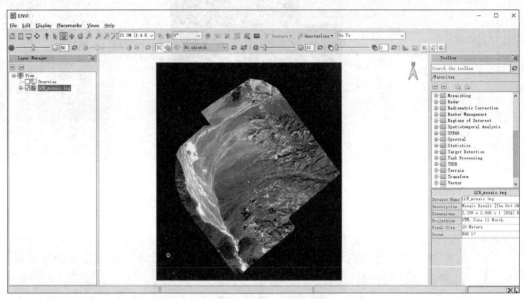

图 9-7　图像镶嵌结果显示

(2)在 Layer Manager 中选中"LCH_mosaic.img"文件,单击鼠标右键,选择 New Region of Interest,打开关注区工具(Region of Interest(ROI) Tool)对话框,如图 9-8 所示。

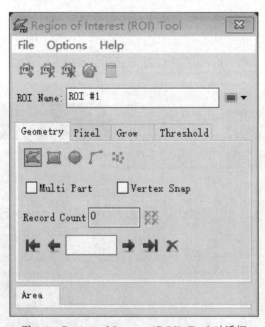

图 9-8　Region of Interest(ROI) Tool 对话框

(3)在 Region of Interest(ROI) Tool 对话框中,设置绘制的形状为多边形,按需修改 ROI Name、ROI Color 等。

(4)在视图窗口中绘制一个多边形,方法为用鼠标左键在所要绘制的多边形顶点处单击,单击鼠标右键闭合多边形,再次单击鼠标右键,完成一个多边形绘制,结果如图 9-9 所示。

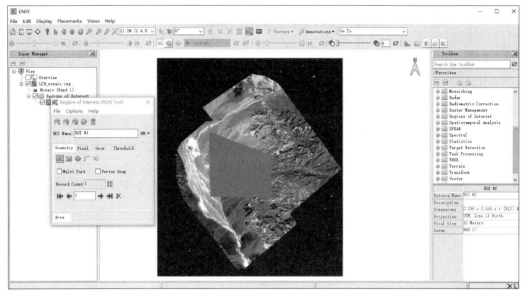

图 9-9　选取裁剪范围

(5)关闭 Region of Interest(ROI) Tool 对话框。

(6)在 ENVI 工具箱中,选择 Regions of Interest→Subset Data from ROIs,如图 9-10 所示,打开 Select Input File to Subset via ROI 对话框,选中"LCH_mosaic.img"文件。

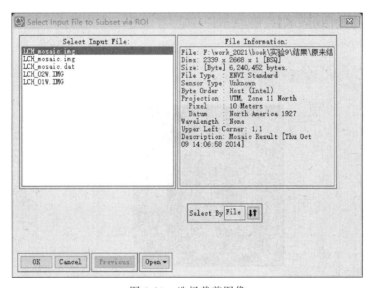

图 9-10　选择裁剪图像

(7)单击图 9-10 中的【OK】按钮,打开 Spatial Subset via ROI Parameters 对话框。选中

绘制的多边形 ROI,将 Mask pixels outside of ROI? 设为 Yes,将 Mask Background Value 设为 0,在 Enter Output Filename 中设置输出文件的路径和文件名为"实验 9\结果\LCH_subset.img",如图 9-11 所示。

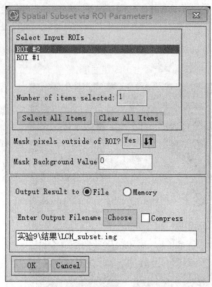

图 9-11　设置不规则分幅裁剪参数

☆小提示

　　Mask pixels outside of ROI? 设为 No 时,不为 ROI 外部区域的像元制作掩模,输出的裁剪图像结果仍为规则图像。

(8)单击图 9-11 中的【OK】按钮,完成图像裁剪,如图 9-12 所示。

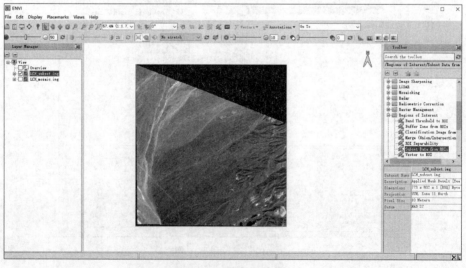

图 9-12　裁剪后图像

六、思考与练习

对两幅没有地理坐标的图像"实验 9\数据\DV06_2.img"和"实验 9\数据\DV06_3.img"进行图像镶嵌处理。

实验十　遥感图像融合

一、简　介

遥感图像包含丰富的信息,由于成像机制不同,不同遥感图像空间分辨率、时间分辨率和辐射分辨率等都各不相同,也分别具备不同的特点。遥感图像融合技术可将多源遥感图像提供的信息进行综合,生成一幅比任何单一图像更精确、信息更丰富的新图像。通过融合,可以有效利用来自不同频段、不同空间尺度的多源遥感数据,充分挖掘遥感数据携带的多种专题信息。例如,多光谱数据与高分辨率数据之间的融合,在提高空间分辨率的同时,又提高了光谱分辨率,因而提升了数据的使用效果。

目前,遥感图像融合方法有很多,如 IHS、高通滤波(high pass filter,HPF)、色彩标准化变换(Brovey)、主成分变换(principal component analysis,PCA)、HSV、假彩色合成、加权平均、小波变换、比值融合和神经网络等。下面对 HSV、PCA 和 Brovey 方法进行简要介绍。

(一)HSV 融合法

HSV 融合的基本思路是通过 HSV 彩色变换,将光谱分辨率高、空间分辨率低的图像从 RGB 空间转换到 HSV 空间,分离出色度(hue,H)、饱和度(saturation,S)和亮度(value,V)三个分量。由于 H、S、V 具有相互独立性,可以通过控制它们来得到不同的显示效果。

具体过程为将已完成空间配准的、具有高空间分辨率的图像替换低空间分辨率图像的亮度分量 V,将其与 H、S 进行 HSV 至 RGB 的彩色变换,就可得到既具有高空间分辨率,又具有高光谱分辨率的融合图像。

(二)PCA 融合法

PCA 融合法是一种基于主成分变换的融合方法。该方法的基本思路是用一幅高分辨率的图像替代多光谱图像的第一主成分 PC1,增加多光谱图像的空间分辨率。

具体过程为将高分辨率图像经直方图匹配到与多光谱图像 PC1 的方差与均值一致,然后替代多光谱图像的 PC1,最后进行逆变换得到既有多光谱又有高分辨率的融合图像。PCA 融合法可以同时对三个以上多光谱波段进行融合。

(三)Brovey 融合法

Brovey 融合法也称为色彩标准化变换融合法。该方法先对多光谱数据进行标准化处理,再用标准化结果乘以高分辨率图像或任意一个需要的数据源来得到融合结果。具体过程为将 RGB 图像中的每一个波段都乘以高分辨率数据与 RGB 图像波段总和的比值,见式(10-1),然后将三个 RGB 波段重采样到高分辨率像元尺寸,即

$$F_k(i) = M_k(i) \times \frac{H(i)}{\sum_{j=1}^{n} M_j} \tag{10-1}$$

式中，$F_k(i)$ 是第 k 波段融合后图像第 i 个像元的像元值，$M_k(i)$ 为第 k 波段图像第 i 个像元的像元值，$H(i)$ 为全色波段(或高分辨率图像波段)第 i 个像元的像元值，n 为多光谱的波段数，i 为图像的像元次序号。

该方法的优点在于增强图像的同时能够保持原多光谱图像的光谱信息，并且方法简单易操作。

二、实验目的

(1)了解多源遥感数据融合的概念和意义。
(2)理解 HSV 和 PCA 图像融合的原理和过程。
(3)掌握运用 ENVI 软件进行遥感图像融合的方法。

三、实验内容

以 HSV 融合、PCA 融合和 Brovey 融合为例，运用 ENVI 软件将高分一号(GF-1)多光谱图像和 GF-1 全色图像进行融合。

四、实验数据

路径	文件名称	格式	说明
实验 10\数据\	GF1_ms	img	GF-1 多光谱图像
实验 10\数据\	GF1_ms	hdr	ENVI 对应头文件
实验 10\数据\	GF1_pan	img	GF-1 全色图像
实验 10\数据\	GF1_pan	hdr	ENVI 对应头文件

五、实验步骤

(一)HSV 融合

(1)参照实验九，将高分辨率图像与多光谱图像的尺寸调整至相同。

(2)在 ENVI 中选择"实验 10\数据\ GF1_ms.img"，打开 GF-1 多光谱图像并显示，选择"实验 10\数据\ GF1_pan.img"，打开 GF-1 全色图像并显示，如图 10-1 所示。通过观察，可以发现多光谱图像具有较丰富的光谱信息，但空间分辨率较低，为 8 m；而全色图像具有 2 m 的空间分辨率，但是光谱信息较差(单波段灰度图像)。

(3)在 ENVI 工具箱中，选择 Image Sharpening→HSV Sharpening，打开 Select Input RGB Input Bands 对话框(图 10-2)。

(4)在 Select Input RGB Input Bands 对话框中，依次单击列表中"GF1_ms.img"的三个待融合波段，如图 10-2 所示。

(5)单击图 10-2 中的【OK】按钮，打开 High Resolution Input File 对话框，单击选中"GF1_pan.img"，如图 10-3 所示。

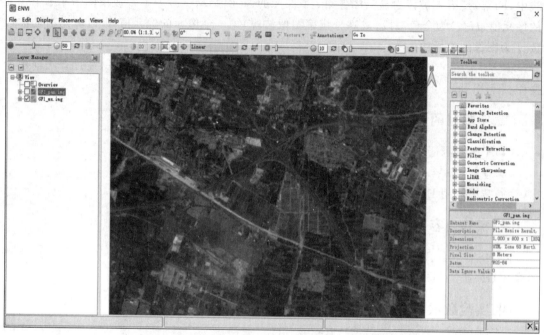

(a) GF-1多光谱图像

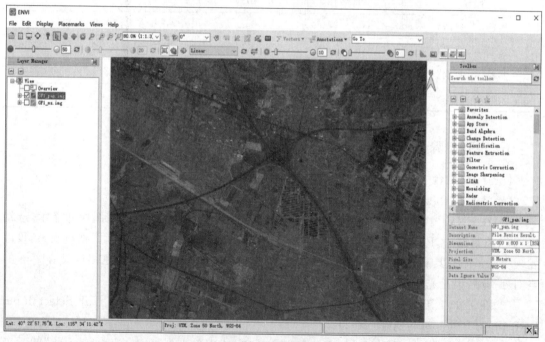

(b) GF-1全色图像

图 10-1　待融合图像

(6) 单击图 10-3 中的【OK】按钮,打开 HSV Sharpening Parameters 对话框。在 Resampling 下拉菜单中选择 Nearest Neighbor,在 Enter Output Filename 中设置输出文件的路径和文件名为"实验 10\结果\HSV.img",如图 10-4 所示。

实验十 遥感图像融合

图 10-2 选择融合多光谱图像

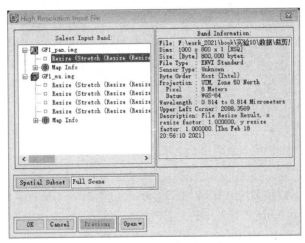

图 10-3 选择融合全色图像

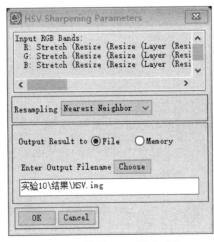

图 10-4 设置 HSV 融合参数

☆小提示

　　Resampling(重采样)方法主要有最邻近法、双线性内插法、三次卷积法,是融合过程中输出图像像元值计算的方法,具体参考几何校正(实验五)。

　　(7)单击图 10-4 中的【OK】按钮,完成 HSV 融合,融合结果如图 10-5 所示。可以发现融合后的影像在具备"GF1_ms.img"图像多光谱特点的同时,兼具"GF1_pan.img"图像高空间分辨率的特点。

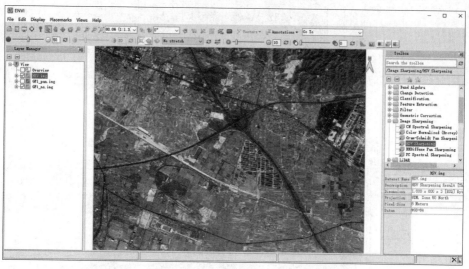

图 10-5　HSV 融合后图像

(二)PCA 融合

(1)在 ENVI 中选择"实验 10\数据\ GF1_ms.img",打开 GF-1 多光谱图像并显示,选择"实验 10\数据\ GF1_pan.img"打开 GF-1 全色图像并显示,如图 10-1 所示。

(2)在 ENVI 工具箱中,选择 Image Sharpening→PC Spectral Sharpening,打开 Principal Components Pan Sharpening 对话框(图 10-6)。

(3)在 Input Low Resolution Raster 中选择"GF1_ms.img"图像,在 Input High Resolution Raster 中选择"GF1_pan.img"图像,如图 10-6 所示。

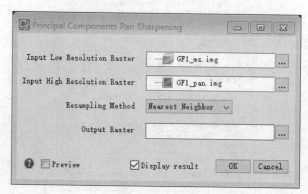

图 10-6　选择融合图像

(4)在 Resampling Method 下拉菜单中选择 Nearest Neighbor,在 Output Raster 中设置输出文件的路径和文件名为"实验 10\结果\PC.img",如图 10-7 所示。

图 10-7　设置 PCA 融合参数

(5)单击图 10-7 中的【OK】按钮,完成 PCA 融合,如图 10-8 所示。

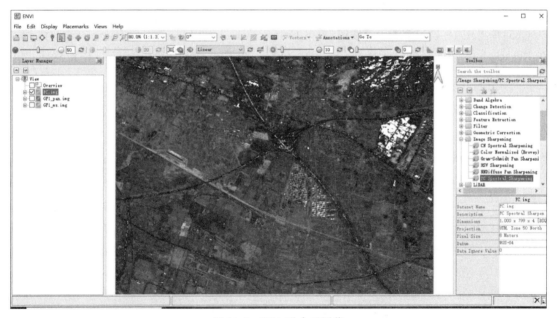

图 10-8　PCA 融合后图像

(三)Brovey 融合

(1)在 ENVI 中选择"实验 10\数据\ GF1_ms.img",打开 GF-1 多光谱图像并显示,选择"实验 10\数据\ GF1_pan.img"打开 GF-1 全色图像并显示,如图 10-1 所示。

(2)在 ENVI 工具箱中,打开 Image Sharpening→Color Normalized(Brovey) Sarpening,打开 Select Input RGB Input Bands 对话框(图 10-9)。

(3)在 Select Input RGB Input Bands 对话框列表中选中"GF1_ms.img"图像,单击【OK】按钮,弹出 High Resolution Input File 对话框(图 10-10)。

图 10-9　选择 RGB 图像

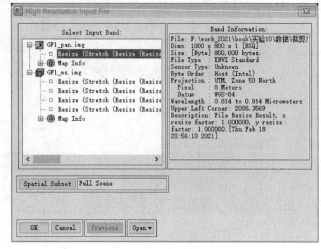
图 10-10　选择全色图像

(4)在 High Resolution Input File 列表中选中"GF1_pan.img"图像。

(5)单击图 10-10 中的【OK】按钮，打开 Color Normalized Sharpening Parameters 对话框，在 Resampling 下拉菜单中选择 Nearest Neighbor，在 Enter Output Filename 中设置输出文件的路径和文件名为"实验 10\结果\Brovey.img"，如图 10-11 所示。

图 10-11　设置 Brovey 融合参数

(6)单击图 10-11 中的【OK】按钮，完成 Brovey 融合，如图 10-12 所示。

六、思考与练习

(1)通过实验操作，加深对 HSV 融合、PCA 融合和 Brovey 融合原理的理解，对结果进行目视比较。

(2)对实验图像进行格拉姆-施密特(Gram-Schmidt)融合，比较其结果与 HSV 融合、PCA

融合结果和 Brovey 融合结果的异同。

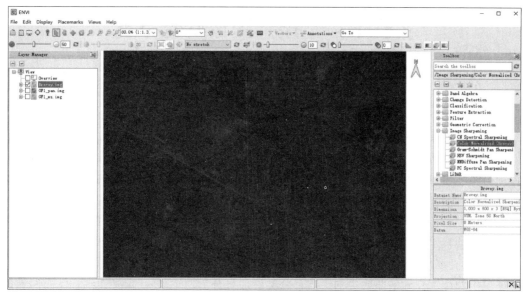

图 10-12　Brovey 融合后图像

实验十一 遥感图像监督分类

一、简 介

遥感图像分类是利用计算机对遥感图像中各类地物的光谱信息和空间信息进行分析,选择合适的分类特征,将图像中每个像元按照某种规则或算法划分为不同的类别,然后获得遥感图像中与实际地物的对应信息。遥感图像分类方法可分为监督分类和非监督分类。本实验介绍监督分类,实验十二将介绍非监督分类。

监督分类又被称为训练分类法,是一种以统计识别函数为理论基础,依据典型样本训练方法进行分类的技术。首先从研究区域选取有代表性的训练场地作为样本,然后通过选择特征参数(如像元亮度均值、方差等)建立判别函数,据此对样本像元进行分类,最后依据样本类别的特征识别非样本像元的归属类别。监督分类一般可分为四个步骤:定义训练样本、评价训练样本、执行监督分类、分类后处理和评价分类结果。

二、实验目的

(1)理解监督分类方法的基本原理。
(2)掌握利用 ENVI 进行监督分类的操作流程。

三、实验内容

在 ENVI 软件中,对 TM 图像进行监督分类。

四、实验数据

路径	文件名称	格式	说明
实验 11\数据\	test11	img	ROME 地区多光谱图像
实验 11\数据\	test11	hdr	ENVI 对应头文件
实验 11\数据\	class	roi	真实地表关注区文件

五、实验步骤

(一)定义训练样本

1. 打开待分类图像

在 ENVI 中选择"实验 11\数据\test11.img",打开 TM 图像,并依次选择波段 4、3、2 进行彩色显示,如图 11-1 所示。本实验中,定义 5 类样本为林地、耕地、裸地、建筑用地和水体。

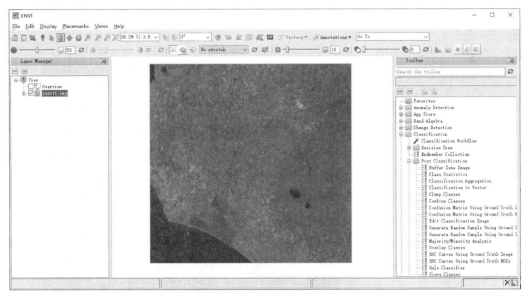

图 11-1 TM 多光谱图像

2. 选取训练样本

(1)在工具栏选择 ROI 工具,打开 Region of Interest(ROI) Tool 对话框(图 11-2)。选择 New ROI,在 ROI Name 中键入"水体",命名样本名称为水体;将 ROI Color 设为蓝色,水体样本将以蓝色显示。选择 Geometry→Polygon,设置绘制的关注区(ROI)形状为多边形。

(2)在视图窗口中绘制一个多边形关注区,方法为:用鼠标左键在所要绘制的多边形顶点处单击,单击鼠标右键闭合多边形,再次单击鼠标右键完成一个多边形关注区(ROI)绘制,结果如图 11-3 所示。若有多个水体样本,可重复此操作,直至完成水体样本的选取。

图 11-2 设置关注区字段属性

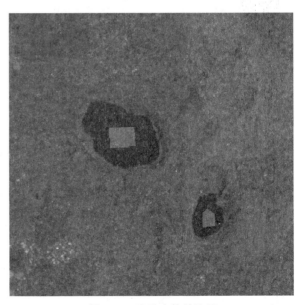

图 11-3 选取水体关注区

(3)在 Region of Interest(ROI) Tool 对话框中,单击【New ROI】按钮,新建一个新类别的

训练样本(如林地)。重复步骤(1)和步骤(2)的操作,完成各个类别的训练样本选取,结果如图11-4所示。

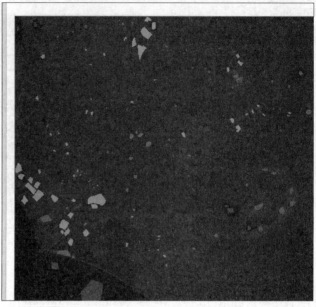

图11-4 训练样本

☆小提示

(1)删除某个关注区:只要将鼠标移动到该区域,然后单击鼠标滚轮;或者在ROI Tool中单击【Go to】按钮,定位到该关注区,单击【Delete Part】按钮。

(2)删除某个类别关注区:可在ROI Tool对话框中单击选中该类别,然后单击【Delete ROI】按钮。

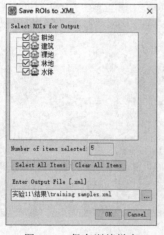

图11-5 保存训练样本

(4)在Region of Interest(ROI) Tool对话框中,选择File→Save as…,打开Save ROIs to.XML对话框。单击【Select All Items】按钮,选中所有关注区,在Enter Output File中设置输出文件的路径和文件名为"实验11\结果\training samples.xml",如图11-5所示。

(5)单击图11-5中的【OK】按钮,保存关注区。

(二)评价训练样本

(1)在ROI Tool对话框中选择Options→Compute ROI Separability,弹出Choose ROIs对话框,单击Select All Items选中所有关注区,如图11-6所示。

图 11-6　设置可分离性参数

> ☆小提示
> 计算类别间的可分离性是基于 Jeffries-Matusita 距离和转换分离度来确定的。计算出类别间的统计距离后就可以确定两个类别之间的差异性程度。

(2)单击图 11-6 中的【OK】按钮,完成可分离性计算,结果如图 11-7 所示。

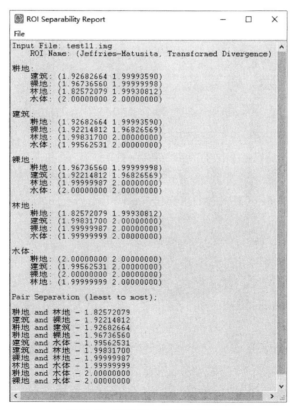

图 11-7　训练样本可分离性报表

☆小提示

在 ROI Separability Report 底部,关注区组合根据可分离性值从小到大排列。参数值范围是 0~2.0。当参数值小于 1 时,可以将两类样本合为一类;小于 1.8 时,需要对样本进行重新选择;大于 1.9 时,样本之间可分离性好。

(三)执行监督分类

(1)在 Toolbox 中选择 Classification→Supervised Classification→Minimum Distance Classification,在弹出的 Classification Input File 对话框中选中"test11.img",如图 11-8 所示。

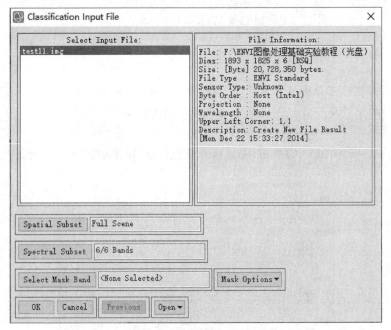

图 11-8　选择监督分类输入图像

(2)单击图 11-8 中的【OK】按钮,打开 Minimum Distance Parameters 对话框,设置参数,设置完成后如图 11-9 所示。具体参数设置如下:

——单击【Select All Items】按钮,选择所有关注区。

——在 Set Max stdev from Mean 中设置标准差阈值。选择 Single Value,为所有类别设置一个标准差阈值,Max stdev from Mean 设为 10。

——在 Set Max Distance Error 中设置最大距离误差。选择 None,即不设置最大距离误差。

——在 Enter Output Class Filename 中设置输出文件的路径和文件名为"实验 11\结果\minimum distance class"。

——在 Enter Output Rule Filename 中设置输出规则的路径和文件名为"实验 11\结果\minimum distance Rule"。

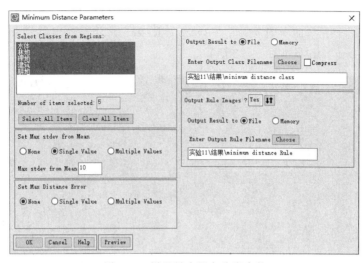

图 11-9 设置最小距离分类参数

> ☆小提示
> (1)Set Max stdev from Mean(设置标准差阈值)中,None 为不设置标准差阈值;Single Value 为所有类别设置一个标准差阈值;Multiple Values 为每个类别分别设置标准差阈值。在 Max stdev from Mean 文本框中输入标准差阈值。
> (2)Set Max Distance Error(设置最大距离误差)中,大于最大距离误差值的像元不被分为该类。None 为不设置最大距离误差;Single Value 为所有类别设置一个最大距离误差;Multiple Values 为每个类别分别设置最大距离误差。

(3)单击图 11-9 中的【OK】按钮,执行监督分类。

(4)显示监督分类后图像。在图层管理中的 Classes 下右键选择 Edit Class Names and Colors,打开 Edit Class Names and Colors 对话框,单击选中类别后更改类别颜色,调整分类结果色彩,如图 11-10 所示。设置完成后分类结果如图 11-11 所示。

(四)分类后处理

分类后,图像中会产生一些面积很小的图斑,因此需要对这些小图斑进行分类后处理(合并或剔除)。ENVI 提供了多种方法用于分类后处理,包括类别集群(clump classes)、类别筛选(sieve classes)和类别合并(combine classes)。

1. 类别集群

(1)在 ENVI 工具箱中选择 Classification→Post Classification→Clump Classes,在弹出的 Classification Input File 对话框中选中分类后图像"minimum distance class.img"。

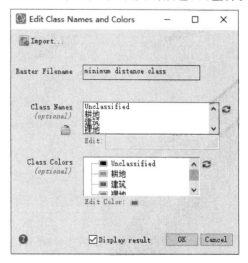

图 11-10 类别颜色编辑

(2)单击【OK】按钮,打开 Classification Clumping 对话框。在 Rows 与 Cols 保持默认设置 3,在 Class Order 中添加所有类别,在 Output Raster 中设置输出路径和文件名为"实验 11\结果\clump.img",结果如图 11-12 所示。

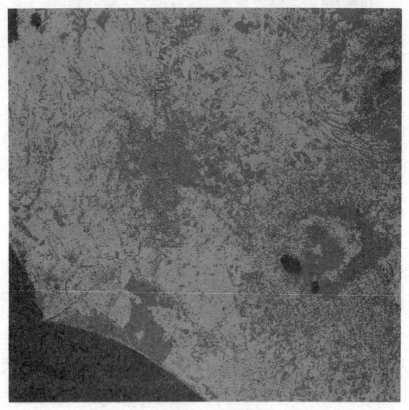

图 11-11　颜色调整后分类结果

(3)单击图 11-12 中的【OK】按钮,执行类别集群。

图 11-12　设置类别集群参数

2. 类别合并

(1)在 ENVI 工具箱中选择 Classification→Post Classification→Combine Classes,弹出 Combine Classes Input File 对话框,选中类别集群后图像"clump.img"。

(2)单击【OK】按钮,打开 Combine Classes Parameters 对话框。选择对应的类别(如"耕地"和"耕地"),单击【Add Combination】按钮。此外,选中"Unclassified"和"裸地"后单击【Add Combination】按钮,即将未分类合并到裸地中,设置结果如图 11-13 所示。

(3)单击图 11-13 中的【OK】按钮,打开 Combine Classes Output 对话框。在 Remove Empty Classes? 选项处单击 按钮,设为 Yes,在 Enter Output Filename 中设置输出路径和文件名为"实验 11\结果\combine.img",结果如图 11-14 所示。

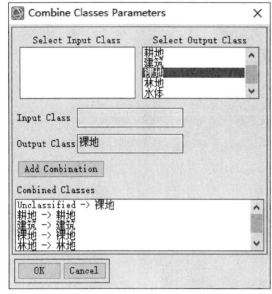

图 11-13 设置类别合并参数

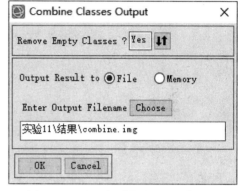

图 11-14 设置类别合并输出图像路径

(4)单击图 11-14 中的【OK】按钮,执行类别合并。

(五)评价分类结果

在执行监督分类后需要对分类效果进行评价。ENVI 提供了多种评价方法,包括分类结果叠加(overlay classes)、混淆矩阵(confusion matrices)和 ROC 曲线(ROC curves)等。本实验将对常用的混淆矩阵方法进行介绍。

(1)在菜单栏中选择 File→Open,打开"实验 11\数据\class.roi",如图 11-15 所示。在弹出的 Data Selection 对话框中选择类别合并结果图像,单击【OK】按钮,完成关注区文件导入,如图 11-16 所示。

图 11-15 选择真实地表关注区文件

(2)在工具箱中选择 Classification→Post Classification→Confusion Matrix Using Ground

Truth ROIs，弹出 Classification Input File 对话框，单击选中类别合并文件"combine. img"，如图 11-17 所示。

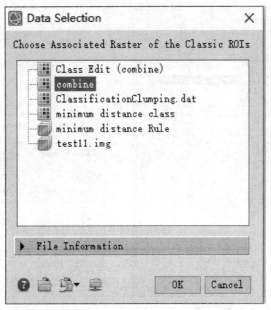

图 11-16　关注区文件导入到类别合并图中

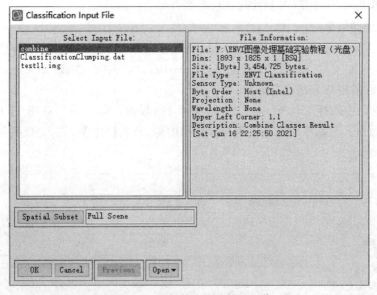

图 11-17　选择精度评价输入图像

(3)单击图 11-17 中的【OK】按钮，打开 Match Classes Parameters 对话框。选择相互匹配的名称(如"水体"和"水体")，单击【Add Combination】按钮，使真实地表上关注区与分类结果图像中对应的各个类别区一一匹配。设置完成后如图 11-18 所示。

(4)单击图 11-18 中的【OK】按钮，打开 Confusion Matrix Parameters 对话框，保持默认设置，选择输出像元(Pixels)、百分比(Percent)和报告精度评价，如图 11-19 所示。

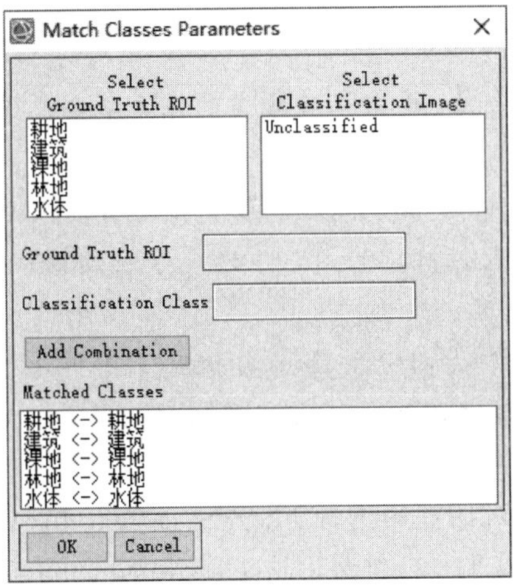

实验十一 遥感图像监督分类

图 11-18　设置类别匹配参数　　　　图 11-19　设置混淆矩阵参数

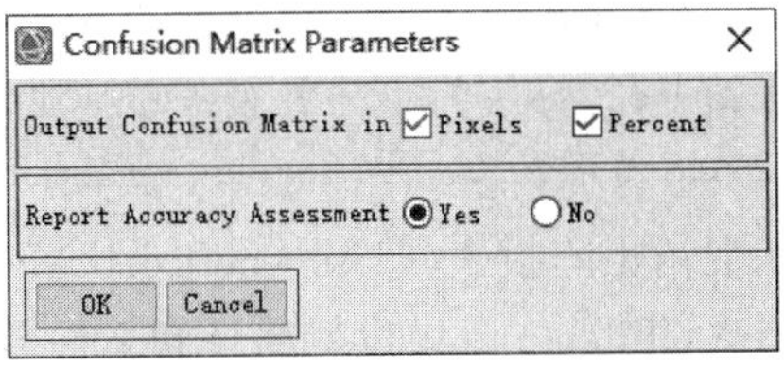

(5) 单击图 11-19 中的【OK】按钮，输出混淆矩阵，结果显示在报表中，可以得到总体分类精度(overall accuracy)、Kappa 系数(Kappa coefficient)、混淆矩阵、错分误差(commission)、漏分误差(omission)、生产者精度(Prod. Acc.)和用户精度(User Acc.)，如图 11-20 所示。

图 11-20　混淆矩阵报表

☆小提示

（1）总体分类精度是一种计算分类精度的方法，等于正确分类的像元数与总像元数的比值。

（2）Kappa 系数是另外一种计算分类精度的方法，可分为五组来表示各级别一致性：0.00～0.20 为极低；0.21～0.40 为一般一致性；0.41～0.60 为中等一致性；0.61～0.80 为高等一致性；0.81～1.00 为几乎完全一致。

（3）混淆矩阵是通过真实地表像元位置和分类与分类图中的相应位置和分类相比较而计算出的，每一列中的数值等于地表真实像元在图像中相应类别的数量。

（6）在混淆矩阵报表（Class Confusion Matrix）对话框中选择 File→Save Text to ASCII...，在 Enter Output Filename 中设置路径和文件名为"实验 11\结果\class confusion matrix.img"，保存混淆矩阵报表。关闭 Class Confusion Matrix 对话框。

六、思考与练习

对实验图像"test11.img"进行最大似然法（maximum likelihood）监督分类，并对分类结果进行评价，比较其分类结果与最小距离法分类结果的异同。思考如何提高监督分类的准确性。

实验十二 遥感图像非监督分类

一、简　介

非监督分类是在没有先验类别(训练场地)作为样本的条件下,即事先不知道类别特征,主要根据像元间相似度的大小进行合并(将相似度大的像元归为一类)的方法。非监督分类一般应用在对分类区不了解的情况下,自动化程度较高。总体上包括执行非监督分类、定义类别、合并类别等步骤。ISODATA(iterative self-organizing data analysis technique algorithm)和 K-Means 是两种较为常用的非监督分类算法。

二、实验目的

(1)理解非监督分类的原理。
(2)掌握利用 ENVI 进行非监督分类的操作流程。

三、实验内容

利用 ENVI 软件,对 TM 图像进行非监督分类,然后对分类结果进行类别合并与定义,并评价分类结果。

四、实验数据

路径	文件名称	格式	说明
实验12\数据\	test12	img	ROME 地区多光谱图像
实验12\数据\	test12	hdr	ENVI 对应头文件

五、实验步骤

(一)执行非监督分类

(1)在 ENVI 中选择"实验 12\数据\test12.img",打开 TM 图像并显示,如图 12-1 所示。

(2)在 ENVI 工具箱中选择 Unsupervised Classification→ISOData Classification,在弹出的 Classification Input File 对话框中选中"test12.img",如图 12-2 所示。

(3)单击图 12-2 中的【OK】按钮,打开 ISODATA Parameters 对话框。在类别(Number of Classes)中设置 Min 为 5,Max 为 10;将最大迭代次数(Maximum Iterations)设置为 20;在 Enter Output Filename 中设置输出路径和文件名为"实验12\结果\isodata.img",其他设置保持默认。设置完成后如图 12-3 所示。

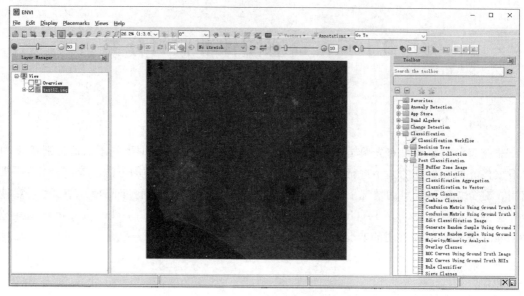

图 12-1　TM 多光谱图像

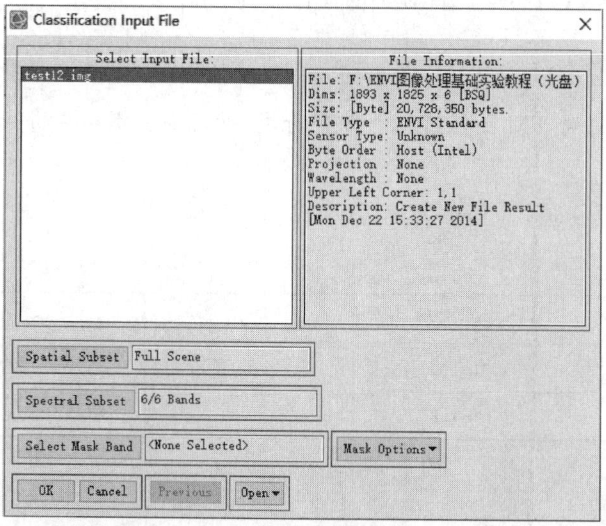

图 12-2　选择非监督分类输入图像

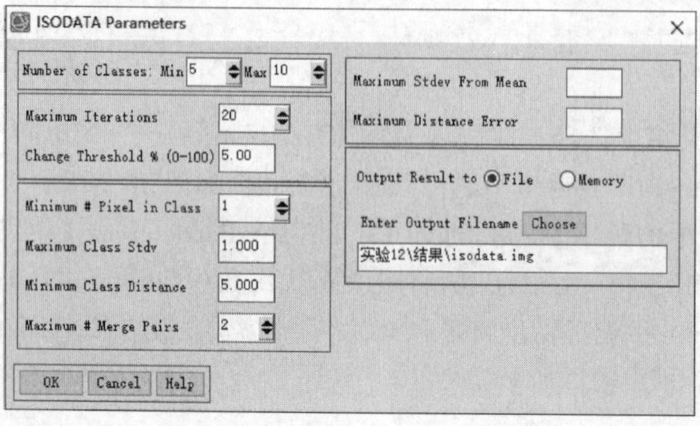

图 12-3　设置 ISODATA 分类参数

☆小提示

(1) Number of Classes(分类总数)，在实际应用中，一般最小值设为最终分类数，最大值设为最终分类数的2～3倍。

(2) Maxmum Iterations(迭代限值)指重新聚类的次数，迭代次数越大，结果越精确，但运算时间会增长。

(3) Change Threshold(变换阈值)范围是0～100。当两次迭代前后变化像元数所占百分比小于阈值时，结束迭代。

(4) Minmum # Pixel in Class(一类中最小像元数)指每个类别包含的最小像元数，当某一类中像元数小于该值时，删除该类。

(5) Maximum Class Stdv(最大分类标准差)指一个类别中标准差的最大值，当某一类标准差大于该值时，该类被拆分为两类。

(6) Minimum Class Distance(类别均值最小距离)指类别均值之间的最小距离，小于该值，类别合并。

(4) 单击图12-3中的【OK】按钮，执行非监督分类。

(二) 定义类别

(1) 将原始 TM 图像"test12.img"与非监督分类图像"isodata.img"分别显示在图层管理中，选择非监督分类结果 classes 下的任意一个类别，鼠标右键选择 Edit Class Names and Colors，打开对话框，对照原始图像，定义类别名称和颜色。类别命名不可以为中文，选中 Class 1，在 Edit 文本框中输入"water"，在 Class Colors 里可选择每个类别的颜色，如图12-4所示。

图12-4 编辑分类名称和颜色

(2) 依次对每个类别的名称和颜色进行定义，结果如图12-5所示。

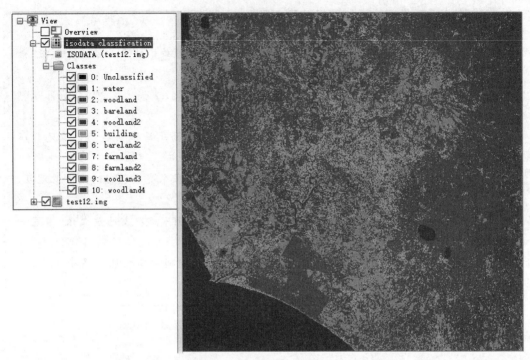

图 12-5　编辑后类别名称与颜色

(三)合并类别

(1)在 ENVI 工具箱中选择 Classification→Post Classification→Combine Classes,弹出 Combine Classes Input File 对话框,选中非监督分类图像"isodata.img",如图 12-6 所示。

图 12-6　选择类别合并输入图像

(2)单击图 12-6 中的【OK】按钮,打开 Combine Classes Parameters 对话框。选择对应的类别,将相同类别合并到一起(如"farmland 2"和"farmland"),单击【Add Combination】按钮,添加到合并方案中。设置结果如图 12-7 所示。

(3)单击图 12-7 中的【OK】按钮,打开 Combine Classes Output 对话框。在 Remove

Empty Classes? 选项中选择 Yes,移除空白类别;在 Enter Output Filename 中设置输出路径和文件名为"实验12\结果\combine.img",结果如图 12-8 所示。

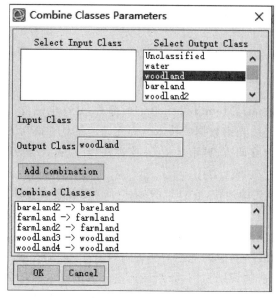

图 12-7　设置类别合并参数

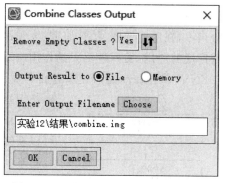

图 12-8　选择类别合并后图像输出路径

(4)单击图 12-8 中的【OK】按钮,执行类别合并。

六、思考与练习

对实验图像"test12.img"进行 K-Means 非监督分类,比较其分类结果与 ISODATA 非监督分类结果的异同。

实验十三 高光谱分析

一、简 介

高光谱遥感是高光谱分辨率遥感(hyperspectral remote sensing)的简称,是在电磁波谱的可见光、近红外和热红外范围内,获取很窄的连续光谱数据的技术。高光谱遥感具有很高的光谱分辨率,在地质调查、植被研究、大气遥感、土壤调查、城市环境、水文冰雪、环境灾害等方面,有着广泛的应用,发挥着巨大的作用。

ENVI 软件在高光谱处理方面一直处于领先的地位,它自带的多种标准波谱库,可以用于地物识别等应用。其原理是将获取的连续的地物波谱曲线与标准波谱库的波谱曲线进行对比,当两条波谱曲线一致时,就可以获知该曲线所对应的地物为何种物质。

本实验以矿物识别为例,介绍高光谱分析在地学研究中的应用。实验采用经大气校正后的 EFFORT 数据,具体操作流程如图 13-1 所示。首先对经大气校正后的高光谱数据进行最小噪声分离(minimum noise fraction,MNF)变换,判断数据维度并分离出数据的噪声;然后对 MNF 输出图像进行纯净像元指数(pixel purity index,PPI)分析,得到波谱中的纯净像元,即端元;接下来将经 MNF 变换和 PPI 分析得到的结果在 n 维可视化(n-D Visualizer)工具中结合,利用 n 维散点图得到端元波谱;然后将提取出的端元波谱与标准波谱库中的物质波谱进行匹配,以进行波谱识别;最后根据识别出的端元对整个高光谱图像进行波谱填图。

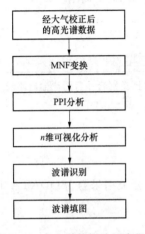

图 13-1 高光谱数据处理流程

二、实验目的

(1) 了解利用 ENVI 处理高光谱数据的操作流程。
(2) 掌握利用 ENVI 对高光谱数据进行地物识别的方法。

三、实验内容

在 ENVI 中,对高光谱图像进行 MNF 变换、PPI 分析、n 维可视化、波谱识别以及波谱填图等操作,识别矿物类别并填图显示。

四、实验数据

路径	文件名称	格式	说明
实验 13\数据\	CUP99HY	eff	大气校正后的 EFFORT 高光谱图像

续表

路径	文件名称	格式	说明
实验13\数据\	CUP99HY	hdr	ENVI对应头文件
实验13\数据\	usgs_min	sli	标准矿物波谱库
实验13\数据\	usgs_min	hdr	ENVI对应头文件

五、实验步骤

(一) MNF 变换

(1) 在 ENVI 中选择"实验13\数据\ CUP99HY. EFF",打开高光谱图像。

(2) 在 ENVI 工具箱中选择 Transform → MNF Rotation → Forward MNF Estimate Noise Statistics,在弹出的 MNF Transform Input File 对话框中选中"CUP99HY. EFF",如图 13-2 所示。

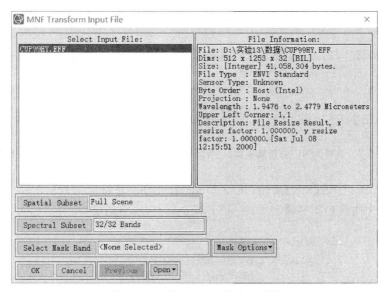

图 13-2 选择 MNF 变换输入图像

(3) 单击图 13-2 中的【OK】按钮,打开 Forward MNF Transform Parameters 对话框。在 Select Subset from Eigenvalues 处单击↕按钮,选择 Yes;在 Output Noise Stats Filename 中设置噪声统计文件名和路径为"实验13\结果\Noise. sta";在 Output MNF Stats Filename 中选择 MNF 统计文件名和路径为"实验13\结果\MNF. sta";在 Enter Output Filename 中设置输出路径和文件名为"实验13\结果\MNF. dat"。设置完成后如图 13-3 所示。

☆小提示
　　Select Subset from Eigenvalues 指根据特征值提取波段。设置为 Yes 时,会弹出一个选取 MNF 输出波段对话框,显示各个波段的特征值,一般选取特征值大于1的波段作为输出波段。设置为 No 时,需要直接输入 MNF 输出波段数。

(4)单击图 13-3 中的【OK】按钮,打开 Select Output MNF Bands 对话框,选择特征值大于 1 的波段作为输出波段。此实验中,在 Number of Output MNF Bands 中输入 31,如图 13-4 所示。

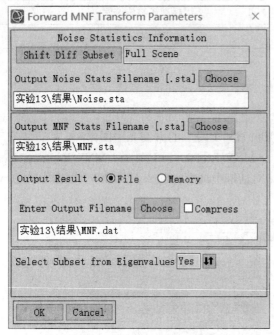

图 13-3 设置 MNF 正变换参数

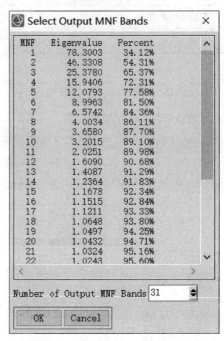

图 13-4 选择 MNF 变换输出波段数

(5)单击图 13-4 中的【OK】按钮,执行 MNF,产生 MNF 特征曲线(图 13-5)。可以看出,在第 11 个波段中曲线趋于平缓。关闭 MNF Eigenvalues 对话框。

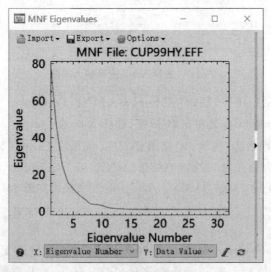

图 13-5 MNF 特征曲线

(二)PPI 分析获取纯净像元

(1)在 ENVI 工具箱中选择 Spectral→Pixel Purity Index(PPI)[Fast]New Output Band,

在弹出的 Fast Pixel Purity Index Input Data File 对话框中选中"MNF.dat",单击【Spectral Subset】按钮,选择前 11 个波段。设置完成后如图 13-6 所示。

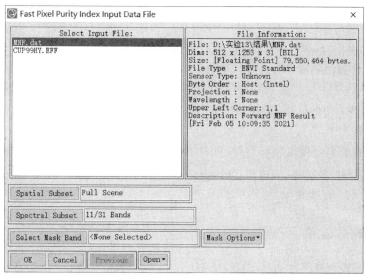

图 13-6 选择 PPI 输入图像

☆小提示

PPI 输入的是 MNF 变换结果数据,波段选取噪声较少的波段,即 MNF 特征曲线中特征值较大的波段。本实验选取前 11 个波段,后面波段基本为噪声。

(2)单击图 13-6 中的【OK】按钮,打开 Fast Pixel Purity Index Parameters 对话框,在 Enter Output Filename 中设置输出路径和文件名为"实验13\结果\ppi.dat",其他设置保持默认,如图 13-7 所示。

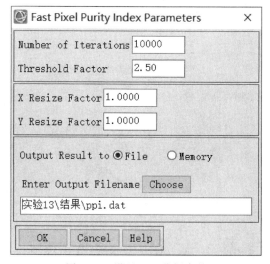

图 13-7 设置 PPI 分析参数

> ☆小提示
> （1）Number of Iterations（迭代次数），迭代次数越高得到的结果越精确，但运算时间增加。
> （2）Threshold Factor（阈值），指像元值（DN）与极值像元差值的位数，应为噪声等级的 2～3 倍。噪声通常小于 1，所以阈值一般用 2～3。

（3）单击图 13-7 中的【OK】按钮，执行 PPI 分析并显示 PPI 结果图像。关闭 Pixel Purity Index Plot 对话框。

（4）在 PPI 的结果上单击鼠标右键，选择 New Region of Interest，弹出 Region of Interest（ROI）Tool 对话框（图 13-8）。选择 Threshold，单击【🗔】按钮，打开 Date Selection 对话框，选中"ppi.dat"，如图 13-9 所示。

 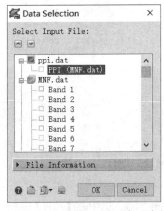

图 13-8　Region of Interest(ROI) Tool 对话框　　图 13-9　选择导入 ROI 输入波段

（5）单击图 13-9 中的【OK】按钮，打开 Choose Threshold Parameters 对话框。将 Min Value 设为 10，其他设置保持默认，如图 13-10 所示。

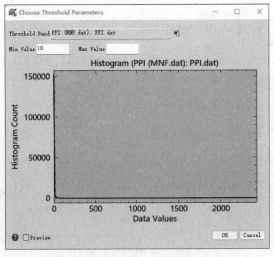

图 13-10　设置导入 ROI 波段参数

> ☆小提示
> Min Value(最小阈值),指导入关注区像元的极值。例如设置为 10 时,PPI 值大于 10 的像元将被导入关注区。

(6)单击图 13-10 中的【OK】按钮,纯净像元导入关注区,如图 13-11 所示。

图 13-11　纯净像元导入关注区

(三)n 维可视化窗口选择端元波谱

(1)在 ENVI 工具箱中选择 Spectral→n-Dismensional Visualizer→n-Dismensional Visualize New Data,在弹出的 n-D Visualizer Input File 对话框中选中"MNF.dat",如图 13-12 所示。

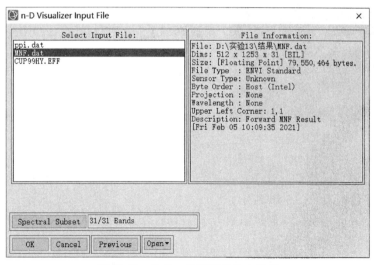

图 13-12　选择 n 维可视化输入波段

(2)单击图13-12中的【OK】按钮,打开n-D Visualizer窗口和n-D Controls对话框。在n-D Controls对话框中依次单击1、2、3、4、5波段,构建五维散点图,并将Speed设置为10。散点图显示在n-D Visualizer窗口中,如图13-13所示。

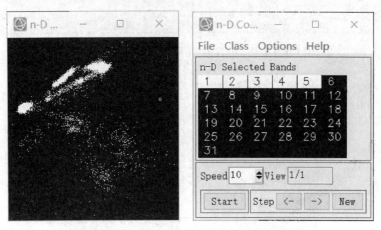

(a) n维可视化窗口　　　　　(b) n维可视化对话框

图13-13　构建五维散点图

(3)在n-D Controls对话框[图13-13(b)]中,单击【Start】按钮,可以看到n-D Visualizer窗口中的散点图以10的速度进行旋转,同时n-D Controls对话框中的【Start】按钮变为【Stop】按钮。

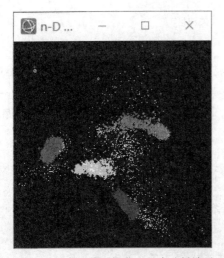

图13-14　在n维可视化工具中选择端元

(4)当部分散点聚集到一起,不随旋转角度的不同而分散时,单击【Stop】按钮。在n-D Visualizer窗口[图13-13(a)]中鼠标左键连续单击,圈出聚集到一起的散点,单击鼠标右键结束。

(5)单击图13-13(b)中的【Start】按钮,检查圈出散点是否会分散。当看到部分选中的点分散时,单击【Stop】按钮。在n-D Controls对话框中选择Class→Items 1 : 20→White,对分散点进行删除。

(6)在n-D Controls对话框中选择Class→New,新建类别。重复步骤(2)至步骤(5),完成端元选择。结果如图13-14所示。

(7)在n-D Controls对话框中选择Options→Mean All,在弹出的Input File Associated with n-D Data对话框中选择"CUP99HY.EFF"作为波谱曲线来源数据,如图13-15所示。

(8)单击图13-15中的【OK】按钮,打开n_D Mean:CUP99HY.EFF对话框。得到像元的平均波谱曲线,如图13-16所示。

(9)单击图13-16中的【Export】按钮,设置输出文件路径和文件名为"实验13\结果\envi_plot.sli"。

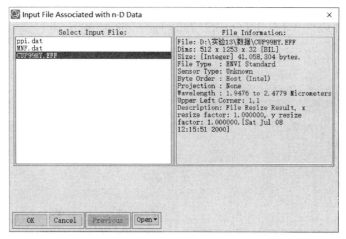

图 13-15　选择波谱曲线来源数据

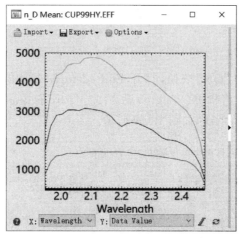

图 13-16　像元平均波谱曲线

(四)波谱识别

(1)在 ENVI 中选择 Display→Spectral Library Viewer,选中"envi_plot.sli"文件,在弹出的 Spectral Library Viewer 对话框中依次单击 n_D Class ♯1、n_D Class ♯2、n_D Class ♯3、n_D Class ♯4,如图 13-17 所示。

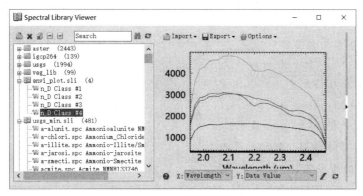

图 13-17　选择分类端元

(2)在 ENVI 工具箱中选择 Spectral→Spectral Analyst,在弹出的 Spectral Analyst Input Spectral Library 对话框中,单击【Open】按钮,打开"usgs_min.sli"(实验 13\数据\usgs_min.sli)文件并选中,如图 13-18 所示。

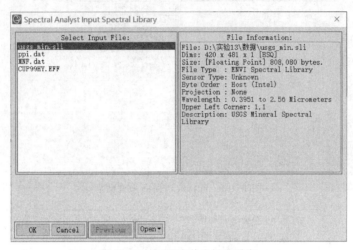

图 13-18　选择波谱分析波谱库

(3)单击图 13-18 中的【OK】按钮,打开 Edit Identify Methods Weighting 对话框。在 Spectral Angle Mapper 中,将权重(Weight)设为 1.000 0,在 Binary Encoding 中,将 Weight 设为 1.000 0,其他设置保持默认,如图 13-19 所示。

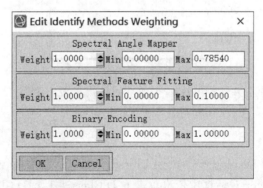

图 13-19　设置识别方法与权重

☆小提示

(1)识别方法有波谱角填图(spectral angle mapper,SAM)、波谱特征拟合(spectral feature fitting,SFF)和二进制编码(binary encoding)。

(2)Weight,指匹配方法所占比重,范围是 0~1。

(3)Min 和 Max 指最小值和最大值对比范围,取值是 0~1,在不同方法中意义不同。其中,在 SAM 中表示弧度小于最小值匹配结果为 1,大于最大值匹配结果为 0;在 SFF 中表示拟合误差,小于最小值匹配结果为 1,大于最大值匹配结果为 0;在二进制编码中表示正确匹配波段的百分比,小于最小值匹配结果为 0,大于最大值匹配结果为 1。

(4)单击图 13-19 中的【OK】按钮,打开 Spectral Analyst 对话框,单击【Apply】按钮,弹出识别波谱选择的对话框,选中 n_D Class ♯1,如图 13-20 所示。

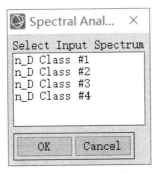

图 13-20　选择分析波谱

(5)单击图 13-20 中的【OK】按钮,会对第一个类别波谱与标准矿物波谱库进行匹配分析,结果显示在 Spectral Analyst 对话框中。波谱库中的各个地物与第一类别波谱的匹配结果分值从大到小排列,记下分值最高地物"高岭石 4(kaosmec4)",如图 13-21 所示。

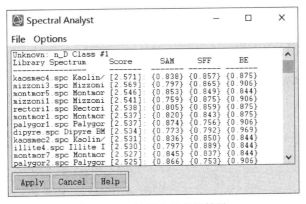

图 13-21　波谱曲线分析结果

(6)在 Spectral Library Viewer 对话框(图 13-17)中单击右侧【Hide】按钮,选中"n_D Class ♯1",在 Name 中输入"高岭石 4(kaosmec4)",完成第一个类别的波谱识别,如图 13-22 所示。

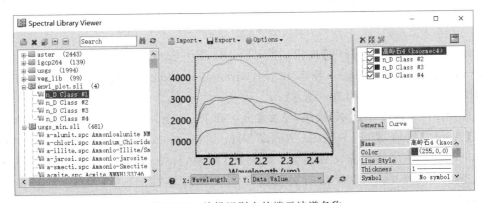

图 13-22　编辑识别出的端元波谱名称

(7)重复步骤(3)至步骤(6),完成其他类别的波谱识别分析,结果如图13-23所示。

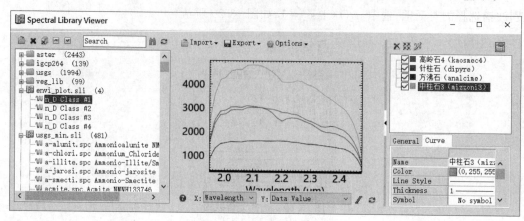

图13-23 波谱识别结果

(五)波谱填图

(1)在 ENVI 工具箱中选择 Classification→Endmember Collection,在弹出的 Classification Input File 对话框中选中"CUP99HY.EFF",如图13-24所示。

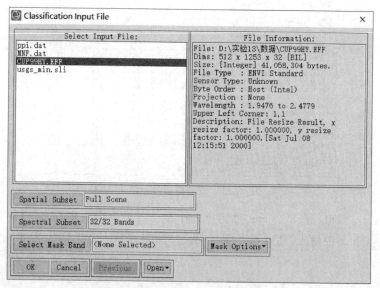

图13-24 选择波谱填图输入图像

(2)单击图13-24中的【OK】按钮,打开 Endmenber Collection 对话框(图13-25),选择 Import→From Plot Windows。弹出 Import from Plot Windows 对话框,单击【Select All Items】按钮,全部选中,如图13-26所示。

(3)单击图13-26中的【OK】按钮,导入端元。在 Endmenber Collection 对话框(图13-25)中单击【Apply】按钮,打开 Spectral Angle Mapper Parameters 对话框。在 Enter Output Filename 中设置输出路径和文件名为"实验13\结果\spectral angle map.img",在 Enter Output Rule Filename 中设置输出规则路径和文件名为"实验13\结果\spectral angle map.img",其他设置保持默认。设置完成后如图13-27所示。

实验十三 高光谱分析

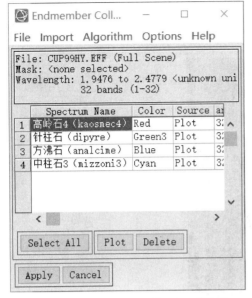

图 13-25 Endmenber Collection 对话框

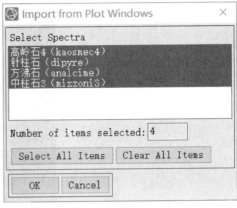

图 13-26 导入端元

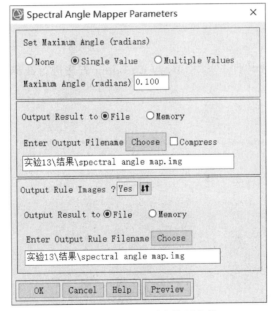

图 13-27 设置波谱角填图参数

☆小提示

(1) Set Maximum Angle(radians) 设置最大角阈值是指像元波谱与端元波谱的最大夹角,小于这个角度将被归为这一类。其中 None 表示不设阈值,Single Value 表示所有类别设置一个阈值,Multiple Values 表示每个类别分别设置一个阈值。

(2) Maximum Angle 为上述最大角阈值,默认为 0.1。

(4)单击图 13-27 中的【OK】按钮,执行 SAM 波谱填图,结果如图 13-28 所示。

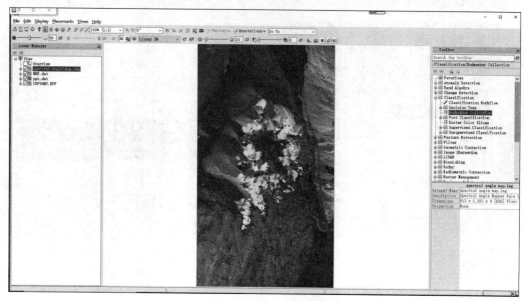

图 13-28　波谱填图结果

六、思考与练习

对实验图像进行地物识别并采用 Binary Encoding 方法进行波谱填图,比较其结果与采样 SAM 填图结果的异同。

实验十四 雷达图像处理

一、简 介

合成孔径雷达(synthetic aperture radar,SAR)具有全天时、全天候成像,以及对一些地物有穿透能力的特点。与一般的遥感图像不同,SAR 在成像原理、图像结构等方面与光学图像不尽相同,所以处理方法也存在差异。

ENVI 软件提供较为基础的 SAR 图像处理模块,能够对 ERS-1/ERS-2、JERS-1、Radarsat、SIR-C、X-SAR 和 AIRSAR 等雷达图像进行基本的处理,如显示、拉伸、分类、配准和滤波等。

由 ITT Visual Information Solutions 公司研制的 SARscape 模块是雷达数据处理的专业化工具,可以与 ENVI 无缝集成,支持多种雷达产品和原始数据,提供专业级的雷达图像处理功能,广泛应用于地表沉降监测、目标识别和洪水灾害评估等方面。本实验介绍 SARscape 模块中的基本处理功能。

二、实验目的

(1)掌握 ENVI 软件雷达图像处理基本流程。
(2)学习使用 SARscape 模块对雷达图像进行基本的处理。

三、实验内容

利用 ENVI 软件对雷达图像进行图像合成、斜距到地距转换、自适应滤波和纹理信息提取等基本操作;以 Radarsat-2 极化雷达图像为例,学习使用 SARscape 模块的基本操作。

四、实验数据

路径	文件名称	格式	说明
实验 14\数据\	NDV_L	cdp	SIR-C 的 L 波段数据子集
实验 14\数据\	NDV_L_ROI	roi	关注区文件
实验 14\数据\	radarsat-2	文件夹	Radarsat-2 雷达数据

五、实验步骤

(一)基本雷达图像处理

1. 合成图像

(1)在 ENVI 工具箱中选择 Radar→SIR-C→Synthesize SIR-C Data,打开 Input Data Product Files 对话框。单击【Open File】按钮,选择雷达数据"实验 14\数据\NDV_L.CDP",

路径和文件名会显示在 Input Data Product Files 对话框的 Selectd Files 下的 L 文本框中，如图 14-1 所示。

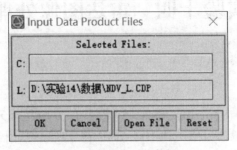

图 14-1　导入雷达数据

（2）单击图 14-1 中的【OK】按钮，打开 Synthesize Parameters 对话框。在 Enter Output Filename 中设置输出文件的路径和文件名为"实验 14\结果\synthesize.syn"，在 Select Band Combinations to Synthesize 中单击【Select All】按钮，即选择所有的默认极化组合合成，在 Output Data Type 下拉菜单中选择字节型(Byte)，其他设置保持默认。设置完成后如图 14-2 所示。

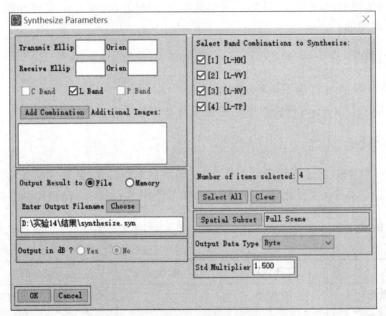

图 14-2　设置合成参数

☆小提示

（1）可以通过设定发送和接收的椭圆率，以及对应的方位角来合成不同极化组合图像。

（2）当需要进行定量分析时，输出数据格式必须选择浮点型格式。

（3）单击图 14-2 中的【OK】按钮，执行极化合成。

2. 斜距到地距的转换

(1)在 ENVI 工具箱中选择 Radar→View Generic CEOS Header,选择"实验 14\数据\NDV_L.CDP",打开文件的头文件(图 14-3)。可以看到方位分辨率(Line spacing)为 5.209 354 4 m,距离分辨率(Pixel spacing)为 13.324 963 6 m,则可确定重采样到 13.32 m×13.32 m 的矩形。

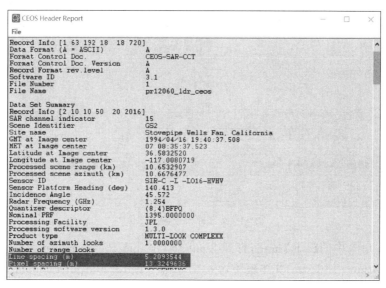

图 14-3　查看雷达图像头文件信息

(2)在 ENVI 工具箱中选择 Radar→SIR-C→SIR-C Slant to Ground Range,打开 Enter SIRC Parameter Filename 对话框,选择"实验 14\数据\NDV_L.CDP",如图 14-4 所示。

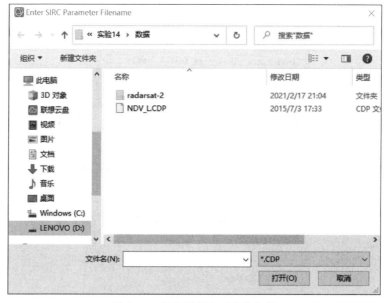

图 14-4　选择斜距校正参数文件

(3)单击图 14-4 中的【打开】按钮,打开 Slant Range Correction Input File 对话框,选中

"synthesize.syn"，如图 14-5 所示。

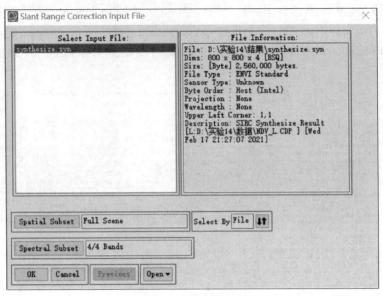

图 14-5　选择校正输入图像

（4）单击图 14-5 中的【OK】按钮，打开 Slant to Ground Range Parameters 对话框。在输出像元大小（Output pixel size）文本框中输入 13.32；在 Enter Output Filename 中设置输出文件的路径和文件名为"实验 14\结果\slant to ground range.syn"，其他设置保持默认。设置完成后如图 14-6 所示。

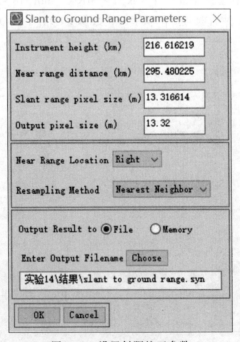

图 14-6　设置斜距校正参数

（5）单击图 14-6 中的【OK】按钮，执行斜距到地距的转换。

3. 自适应滤波

(1)在 ENVI 工具箱中选择 Filter→Enhanced Lee Filter,打开 Enhanced Lee Filter Input File 对话框。在该对话框中,选中"slant to ground range.syn",如图 14-7 所示。

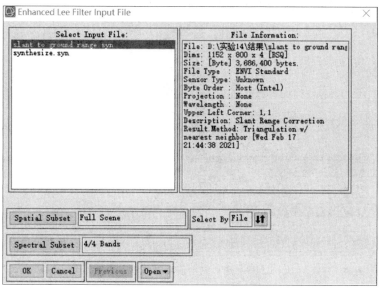

图 14-7　选择滤波输入图像

(2)单击图 14-7 中的【OK】按钮,打开 Enhanced Lee Filter Parameters 对话框。Filter Size 设为 5,Damping Factor 设为 1.000,在 Enter Output Filename 中设置输出文件的路径和文件名为"实验 14\结果\enhanced lee filter.syn",其他设置保持默认。设置完成后如图 14-8 所示。

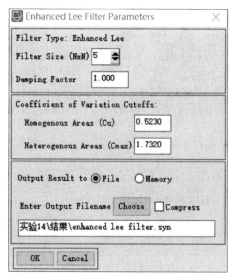

图 14-8　设置滤波参数

(3)单击图 14-8 中的【OK】按钮,执行滤波操作。

4. 纹理信息提取

(1)在 ENVI 工具箱中选择 Filter→Occurrences Measures,打开 Texture Input File 对话

框。选中"enhanced lee filter.syn",如图 14-9 所示。

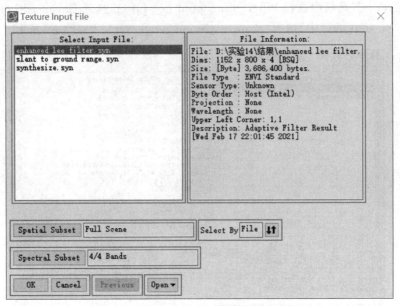

图 14-9 选择纹理信息提取输入图像

(2)单击图 14-9 中的【OK】按钮,打开 Occurrence Texture Parameters 对话框。将处理窗口(Processing Window)的行(Rows)与列(Cols)均设为 5,在 Enter Output Filename 中设置输出文件的路径和文件名为"实验 14\结果\texture.syn",其他设置保持默认。设置完成后如图 14-10 所示。

图 14-10 设置纹理信息提取参数

(3)单击图 14-10 中的【OK】按钮,执行纹理信息提取。
(二)SARscape 模块
1. 数据导入
(1)在 ENVI 工具箱中选择 SARscape→Import Data→SAR Spaceborne→Single Sensor→

Radarsat-2,弹出 Import Radarsat-2 对话框。在 Data Type 下拉菜单中选择单视复图像（SLC-Single Look Complex），Orbit list 不设置，如图 14-11 所示。

图 14-11　Import Radarsat-2 对话框

（2）在 Import Radarsat-2 对话框中单击【Parameter list】按钮，打开 Select input files 对话框，选择"D:\radarsat-2\product.xml"，如图 14-12 所示。

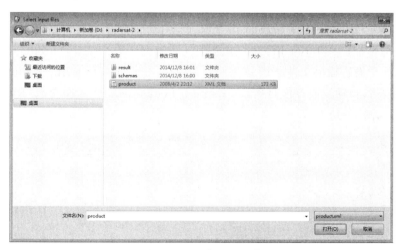

图 14-12　选择导入图像

☆小提示

　　SARscape 不能识别带有中文汉字的路径，实验前将"实验 14\数据\"中的 radarsat-2 文件夹移动到 D 盘根目录后再进行操作。实验结果保存至"D:\radarsat-2\result"中。

（3）单击图 14-12 中的【打开】按钮，返回到 Import Radarsat-2 对话框，完成输入图像选择。单击【Output file list】按钮，设置输出文件路径和文件名为"D:\radarsat-2\result\product"，如图14-13所示。

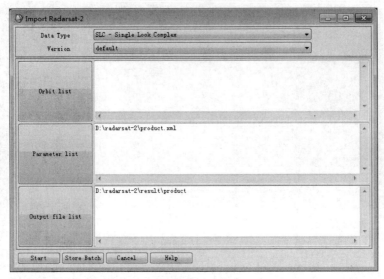

图14-13 文件导入设置结果

(4)单击图14-13中的【Start】按钮，执行数据导入。导入后的数据保存在"D:\radarsat-2\result\"中，可以通过ENVI软件直接打开并显示在Display中。

2. 多视处理

(1)在ENVI工具箱中选择SARscape→Basic→Intensity Processing→Multilooking，打开Multilooking对话框。在Input file list中选择"D:\radarsat-2\result\product_HH_slc"，在Output file list中设置输出文件路径和文件名为"D:\radarsat-2\result\product_HH_pwr"，单击【Looks】按钮，自动读取方位向视数（Azimuth Looks）为2，距离向视数（Range Looks）为1，设置完成后如图14-14所示。

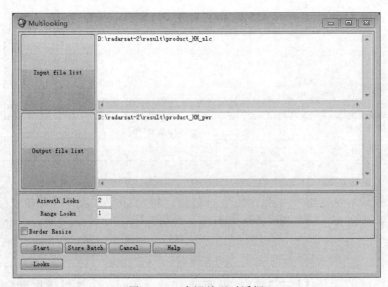

图14-14 多视处理对话框

☆小提示

距离向视数与方位向视数取决于距离向分辨率、方位向分辨率和中心入射角。用记事本打开 .sml 文件,通过以下三个字段获得距离向分辨率约为 4.733,方位向分辨率约为 4.83,中心入射角约为 28.95°。

〈PixelSpacingRg〉4.733 078 960 000 000 3〈/PixelSpacingRg〉
〈PixelSpacingAz〉4.830 082 889 999 999 9〈/PixelSpacingAz〉
〈IncidenceAngle〉28.947 675 699 999 998〈/IncidenceAngle〉

距离向视数为 1,地距分辨率 = 4.733/sin(28.95°) = 9.78
多视后方位向分辨率 = 地距分辨率 = 9.78
方位向视数 = 多视后的方位向分辨率/多视前方位向分辨率 = 9.78/4.832 = 2

(2)单击图 14-14 中【Start】按钮,执行多视处理。处理后的数据保存在"D:\radarsat-2\result\"中,可以通过 ENVI 软件直接打开并显示在 Display 中。

3. 滤波

(1)在 ENVI 工具箱中选择 SARscape→Basic→Intensity Processing→Filtering→Single Image Filtering,打开 Filtering Single Image 对话框。在 Input file list 中选择输入文件路径和文件名为"D:\radarsat-2\result\product_HH_pwr",在 Output file list 中设置输出文件路径和文件名为"D:\radarsat-2\result\product_HH_pwr_fil",如图 14-15 所示。

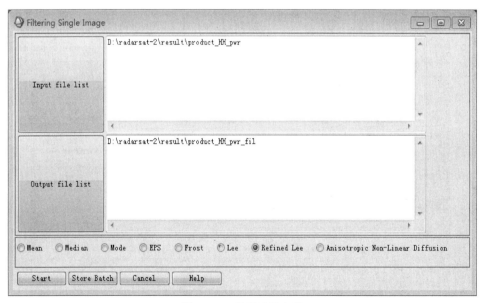

图 14-15　设置滤波参数

(2)单击图 14-15 中的 Refined Lee 选项,选择 Refined Lee 方式对多视后雷达图像进行滤波,弹出 Frost/Lee/Refined Lee 对话框。将方位向窗口大小(Azimuth Window Size)和距离向窗口大小(Range Window Size)都设为 5,单击【Commit】按钮,如图 14-16 所示。

(3)在 Filtering Single Image 对话框(图 14-15)中单击【Start】按钮,执行滤波处理。

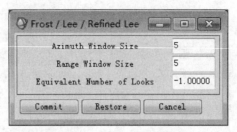

图 14-16　设置滤波窗口

4. 地理编码和辐射定标

(1) 在 ENVI 工具箱中选择 SARscape → Basic → Intensity Processing → Geocoding → Geocoding and Radiometric Calibration，打开 Geocoding and Radiometric Calibration 对话框（图 14-17），设置如下参数：

——在 Input file list 中选择输入文件"D:\radarsat-2\result\product_HH_pwr_fil"。

——在 Output file list 中设置输出文件为"D:\radarsat-2\result\product_HH_pwr_fil_geo"。

——DEM file 不进行设置。

——像元大小（GRID SIZE）中，X Dimention 和 Y Dimention 都设为 10.000 0。

——RESAMPLING 方法选择 Nearest Neighbor。

——勾选辐射定标（Radiometric Calibration）和辐射归一化（Radiometric Normalization）复选框。

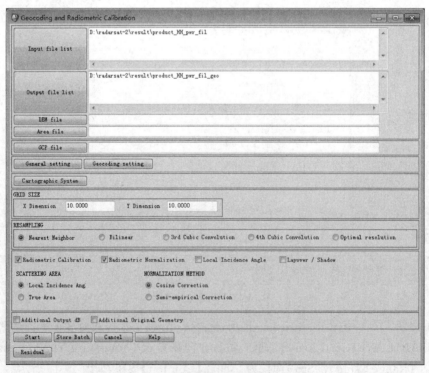

图 14-17　设置地理编码和辐射定标参数

(2)在 Geocoding and Radiometric Calibration 对话框(图 14-17)中,单击【Cartographic System】按钮,弹出 Cartographic system 对话框,设置投影参数。地区(State)选择 UTM-GLOBAL,半球(Hemisphere)选择 NORTH,投影(Projection)选择 UTM,分区(Zone)选择 31,椭球体(Ellipsoid)选择 WGS84。设置完成后如图 14-18 所示。单击【Commit】按钮,完成投影参数设置。

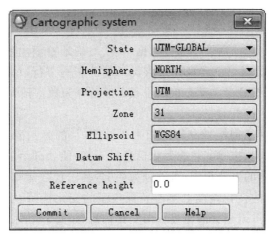

图 14-18　设置投影参数

☆小提示
　　雷达图像有数字高程模型(digital elevation model,DEM)文件时,在 Geocoding and Radiometric Calibration 对话框中导入 DEM 文件,输出图像的投影参数会以 DEM 文件的投影参数为准,不需要另外进行投影参数设置。

(3)在 Geocoding and Radiometric Calibration 对话框(图 14-17)中单击【Start】按钮,执行地理编码和辐射校正。

六、思考与练习

尝试下载本区域的 DEM,然后利用 DEM 文件重新进行地理编码和辐射定标。

实验十五　动态变化检测

一、简　介

　　动态变化检测是指利用前后两期影像数据迅速、准确地检测出地表生物物理特征及人工地物的变化。动态变化监测对全球变化及人类活动的影响分析，植被与生态系统变化，城市化、荒漠化监测等具有重要意义。动态检测过程一般可分为数据预处理、变化信息检测和变化信息提取三个过程。

　　数据预处理主要包括几何配准和辐射归一化处理，目的是消除空间、时间、光谱辐射、大气、土壤湿度等因素的影响，排除非目标变化信息的干扰，使处理后的数据空间位置和光谱辐射尽可能可靠。变化检测的方法很多，可以分为四类：基于代数运算的变化检测、基于图像转换的变化检测、基于分类的变化检测和基于特征模型的变化检测，实际应用中可根据需要选取。对于变化信息提取，可以根据阈值提取出变化信息，还可以利用图像切割、面向对象的特征提取等方法来实现。

　　变化信息检测方法有很多，ENVI 软件主要提供三种方法：直接比较法、分类后比较法和直接分类法。SPEAR Change Detection 模块集成了 ENVI 动态变化检测功能，是一个流程化的图像处理工具，包含了图像配准和变化信息检测与提取等功能。它提供了一种对同一地区不同时间变化特征检测的方法，流程化操作便于用户使用。该模块主要包括四种变化检测方法：

　　(1)Two-Color Multiview(2CMV)是一种波段替换法，属于图像直接比较法。原理是从第一时相的图像中提取一个波段作为红色波段，从第二时相的图像中提取两个波段分别作为绿色和蓝色波段，组成 RGB 显示，变化区域为绿色和红色。

　　(2)Image Transform(图像变换)指通过 PCA、MNF 或独立主成分分析(independent component analysis, ICA)变换得到图像变化特征。

　　(3)Subtractive(图像差值法)是一种直接比较法。其思想是计算归一化植被指数(normalized differential vegetation index, NDVI)、红蓝波段比值和自定义波段比值之差。发生变化的区域比值之差的灰度值会与背景值相差较大，从而提取出变化信息。

　　(4)Spectral Angle(波谱角检测法)是利用两个时相数据的波谱角之差来表示变化，通过波谱角之间的相似程度来体现变化大小，适用于高光谱数据。

二、实验目的

　　(1)了解动态变化检测的基本原理和方法。
　　(2)掌握运用 ENVI 软件中 SPEAR Change Detection 模块进行动态变化检测的操作。

三、实验内容

利用 ENVI 的 SPEAR Change Detection 动态变化检测功能,对两幅 QuickBird 不同时相的遥感图像进行变化检测,获取变化检测结果,比较其与变化前图像的异同。

四、实验数据

路径	文件名称	格式	说明
实验 15\数据\	change detect1	img	2002 年 9 月 QuickBird 图像
实验 15\数据\	change detect1	hdr	ENVI 对应头文件
实验 15\数据\	change detect2	img	2004 年 7 月 QuickBird 图像
实验 15\数据\	change detect2	hdr	ENVI 对应头文件

五、实验步骤

(1)在 ENVI 中选择 File→Open,选中"实验 15\数据\change detect1.img"与"实验 15\数据\change detect2.img",打开两幅已经过配准且有较大重叠区的 QuickBird 图像,如图 15-1 所示。

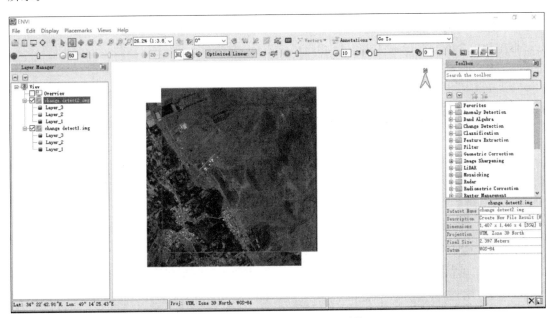

图 15-1 不同时相 QuickBird 图像

工具栏中的透视窗口(Portal)、视窗切换(View blend)、视窗闪烁(View flicker)、视窗卷帘(View swipe)(　　　按钮)提供了几种透视查看多景影像的方式,选择任一种查看两景影像的配准情况及变化信息。

(2)在 ENVI 工具箱中选择 SPEAR→SPEAR Change Detection,进入变化检测模块。如

图 15-2 所示。

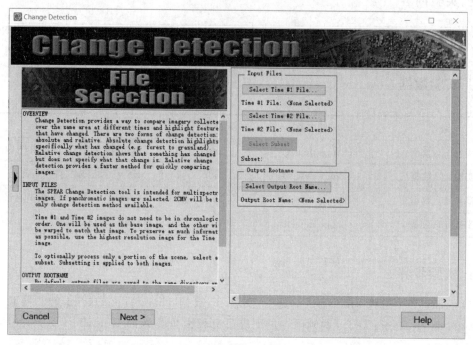

图 15-2 变化检测模块

(3)单击图 15-2 中的【Select Time #1 File...】按钮,在弹出的 Select Time #1 Input File 对话框中选中"change detect1.img",如图 15-3 所示。

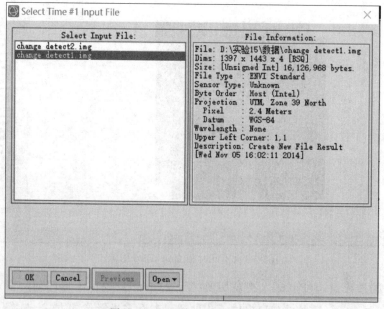

图 15-3 选择第一时相输入文件

(4)单击图 15-3 中的【OK】按钮,打开 Auto Tie Point Matching Band 对话框,选中 "Layer_3",如图 15-4 所示。单击【OK】按钮,完成第一时相数据的导入。

实验十五　动态变化检测　　117

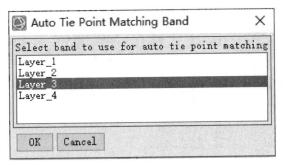

图 15-4　选择 Tie 点匹配波段

（5）在变化检测模块页面（图 15-2）中，单击【Select Time ♯2 File...】按钮，导入第二时相数据"change detect2.img"，具体步骤参考步骤（3）和步骤（4），并设置输出图像路径和文件名为"实验 15\结果\change_diff"，设置完成后如图 15-5 所示。

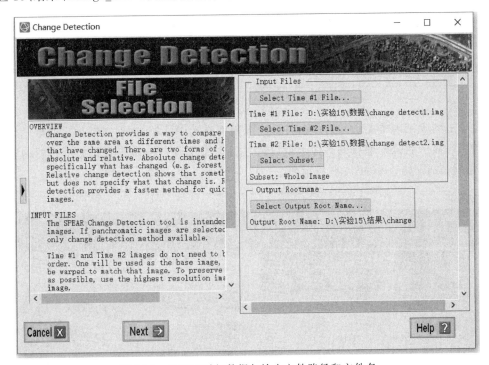

图 15-5　选择两时相数据与输出文件路径和文件名

☆小提示
　　输出图像的文件名不是实际输出的名称，可以增加任意后缀。如本实验采用差值法进行变化检测，默认增加后缀"_diff"，输出变化检测图像的名称为"change_diff"。输出图像路径默认与第二时相图像路径相同。

（6）单击图 15-5 中的【Next】按钮，打开配准参数对话框，如图 15-6 所示。由于两幅图像已经过配准，不需要对图像进行再次配准，故勾选 Images already co-registered。

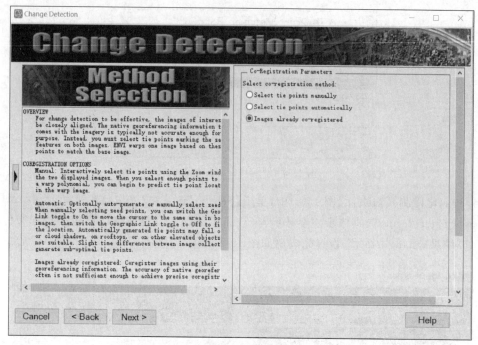

图 15-6 两时相数据匹配

(7) 单击图 15-6 中的【Next】按钮,打开配准精度查看对话框,同时自动弹出两个已经连接的显示窗口,显示两幅配准后的图像。可以通过闪烁显示(Flicker)等方式显示查看两幅图像的配准情况,如图 15-7 和图 15-8 所示。

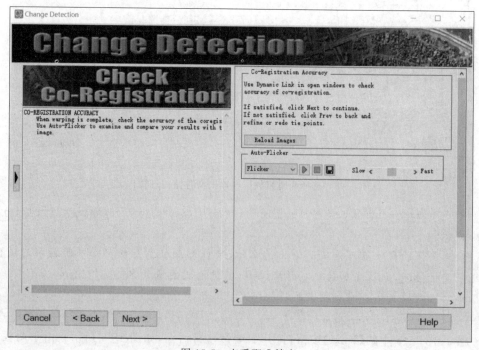

图 15-7 查看配准精度

(a) 第一时相　　　　　　　　　　　　(b) 第二时相

图 15-8　配准后的两时相数据显示

> ☆小提示
>
> 单击图 15-6 中的【Next】按钮后,会自动产生两个精度配准图像"change_time1_coreg"和"change_time2_coreg"。因为本实验配准参数选择了 Images already co-registered,所以配准后图像与原始图像相同。由于配准后图像为中间过程数据,且与原始图像相同,故最后在"实验 15\结果\"文件夹中将其删除。
>
> 图 15-7 中,Auto-Flicker 下拉菜单下:
>
> (1)Flicker(闪烁显示),单击▶运行按钮后,在第一时相主图像窗口会闪烁交替显示第一图像和第二时相数据。
>
> (2)Swipe(卷帘显示),单击▶运行按钮后,在第一时相的主图像窗口中会以卷帘形式显示第一时相和第二时相数据,即一条两侧为不同时相数据的过渡线自动左右移动显示图像。
>
> (3)Blend(混合显示),单击▶运行按钮后,在第一时相的主图像窗口中会以不同百分比混合方式显示第一时相和第二时相数据,即通过所占百分比自动改变显示图像。

(8)单击图 15-7 中的【Next】按钮,打开变化检测方法选择对话框,如图 15-9 所示。第一栏为变化检测方法设置(Change Detection Methods);第二栏为高级参数设置(Advanced Parameters)。本实验采用图像差值法,选中 Subtractive 选项;单击【Show Advanced Options】按钮,在高级参数设置中,勾选 Subtractive 选项卡下的基于黑暗像元相对大气校正

(Perform dark object subtraction)和辐射归一化相对大气校正(Perform radiometric normalization)。

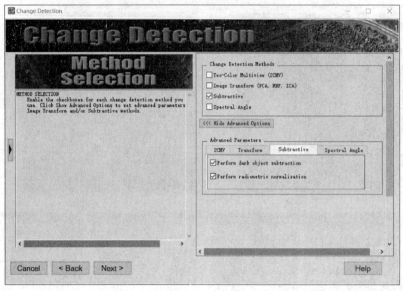

图 15-9 确定变化检测方法

☆小提示

对于多光谱图像，四种检测方法都可以使用；全色图像只能运用 2CMV 方法进行检测。

(9)单击图 15-9 中的【Next】按钮，打开检测结果查看对话框，如图 15-10 所示。在 Color Tables 中选中 GRN-RED-BLU-WHT，单击【Apply Color Table】按钮，可以看到变化图像的颜色变化，如图 15-11 所示。

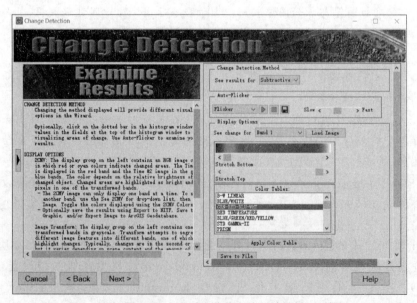

图 15-10 查看变化信息检测结果

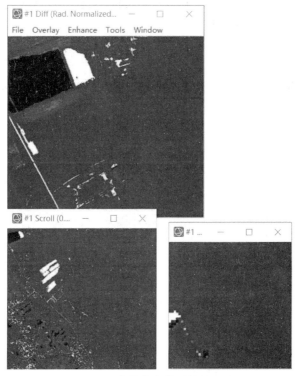

图 15-11　变化信息检测结果显示

(10)在检测结果查看对话框(图 15-10)中,单击下方的【Save to File】按钮,打开 Output Display to Image File 对话框。在 Output File Type 下拉菜单中选择 ENVI,在 Enter Output Filename 中设置输出文件的路径和文件名为"实验15\结果\change_diff_2.img",其他设置保持默认。设置完成后如图 15-12 所示。单击【OK】按钮,保存显示图像。

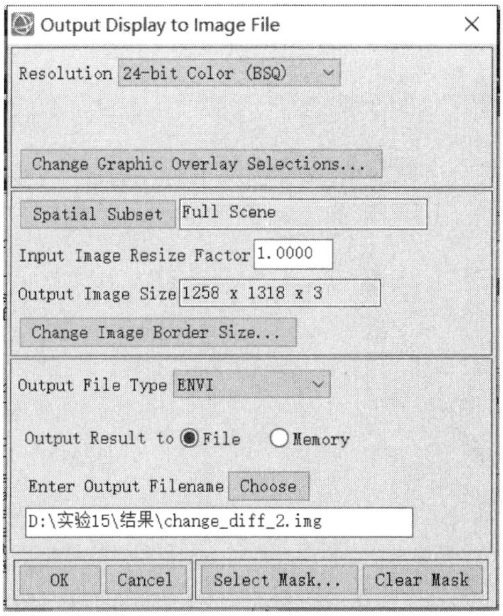

图 15-12　保存检测结果

(11)在检测结果查看对话框(图 15-10)中,单击【Next】按钮,打开处理完成对话框。单击【Finish】按钮,完成动态变化检测过程。

六、思考与练习

尝试使用不同的动态变化检测方法对两幅图像进行检测,并比较结果有何差别。

高级应用篇

实验十六　ENVI 扩展工具——国产卫星数据处理

一、简　介

国产卫星数据处理需要专门的支持工具。ENVI 中所提供的 App Store 工具,可用于统一安装和管理 ENVI 扩展工具。用户可以自行在 ENVI App Store 中安装或更新中国国产卫星支持工具,以进行国产卫星数据的读取和处理。

中国自 2010 年实施高分辨率对地观测系统重大专项以来,已先后发射了一系列高分卫星,高分五号(GF-5)卫星是其中唯一的一颗高光谱卫星,是中国实现光谱分辨率对地观测能力的重要标志。该卫星搭载了国际上首台宽幅宽谱高定量化水平的高光谱成像仪 AHSI(advanced hyperspectral imager),其参数详见表 16-1。本实验以 GF-5 卫星的 AHSI 影像为例,对其进行辐射定标和大气校正处理。

表 16-1　可见短红外高光谱相机 AHSI 传感器参数

项目	参数
光谱范围	0.390~2.513 μm,共 330 个通道
空间分辨率	30 m
幅宽	60 km
光谱分辨率	VNIR:5 nm;SWIR:10 nm
量化位数	12 bit

AHSI 传感器共有 330 个波段,分开存储在两个 GeoTIFF(_VN.geotiff 和 _SW.geotiff)文件中,分别对应 150 和 180 个波段。在使用该数据时,通常需对 AHSI 载荷 L1 级产品进行辐射定标和大气校正影像预处理。关于遥感影像辐射定标与大气校正的原理,可参考遥感图像辐射校正(实验四)。

二、实验目的

(1)掌握在 ENVI 软件中安装国产卫星支持工具的方法。
(2)掌握运用 ENVI 软件对国产卫星影像进行辐射定标和大气校正的方法。

三、实验内容

在 ENVI 中安装国产卫星支持工具，然后对卫星遥感图像进行辐射定标和大气校正。

四、实验数据

路径	文件名称	格式	说明
实验16\数据\	GF5_AHSI_E115.63_N40.68_20191029_007840_L10000065200	xml	影像参数信息
实验16\数据\	GF5_AHSI_E115.63_N40.68_20191029_007840_L10000065200_OGP	tiff	影像数据
实验16\数据\	GF5_AHSI_E115.63_N40.68_20191029_007840_L10000065200_SW	geotiff	影像数据
实验16\数据\	GF5_AHSI_E115.63_N40.68_20191029_007840_L10000065200_SW	rpb	RPC 参数文件
实验16\数据\	GF5_AHSI_E115.63_N40.68_20191029_007840_L10000065200_VN	geotiff	影像数据
实验16\数据\	GF5_AHSI_E115.63_N40.68_20191029_007840_L10000065200_VN	rpb	RPC 参数文件
实验16\数据\	GF5_AHSI_E115.63_N40.68_20191029_007840_L10000065200	dbf	属性数据库文件
实验16\数据\	GF5_AHSI_E115.63_N40.68_20191029_007840_L10000065200	prj	投影参数文件
实验16\数据\	GF5_AHSI_E115.63_N40.68_20191029_007840_L10000065200	shp	覆盖矢量文件
实验16\数据\	GF5_AHSI_E115.63_N40.68_20191029_007840_L10000065200	shx	图形索引文件
实验16\数据\	GF5_AHSI_E115.63_N40.68_20191029_007840_L10000065200.Browse	jpg	浏览图文件
实验16\数据\	GF5_AHSI_SWIR_RadCal	raw	原始影像编码数据
实验16\数据\	GF5_AHSI_SWIR_Spectralresponse	raw	原始影像编码数据
实验16\数据\	GF5_AHSI_VNIR_RadCal	raw	原始影像编码数据
实验16\数据\	GF5_AHSI_VNIR_Spectralresponse	raw	原始影像编码数据

实验十六　ENVI 扩展工具——国产卫星数据处理　　125

>☆小提示
>　　AHSI 载荷 L1 级产品的主文件为 GeoTIFF 格式,产品数据主要包括 GeoTIFF 数据文件、xml 说明文件、RPC 参数文件、浏览图文件、定标系数文件、观测几何角度文件以及覆盖矢量文件等。利用 ENVI 软件中的国产卫星支持工具可以自动对两个 GeoTIFF 文件中的波段进行虚拟合成,打开即为 330 个波段的高光谱数据。该工具也可以用于自动识别和读取 xml 文件中的元数据信息,如传感器类型、景列号、数据等级信息、拍摄时间、成像范围、含云量、太阳高度角/方位角以及传感器高度角/方位角等,同时能够根据数据自带的 raw 文件读取波长、半峰全宽(full width at half maxima,FWHM)和定标系数。

五、实验步骤

(一)安装国产卫星支持工具

(1)下载并安装 App Store 后,重启 ENVI,在工具箱(Toolbox)中选择 App Store,如图 16-1 所示。

图 16-1　App Store 工具

(2)双击 App Store 工具,弹出 App Store 主界面,如图 16-2 所示。在搜索框中搜索"中国国产卫星支持工具 V5.3"模块,单击【Install App】按钮进行安装,安装后重启 ENVI。

图 16-2　App Store 主界面

☆小提示

(1) 可以通过访问 http://www.enviidl.com，实现 App Store 工具的下载和安装。

(2) 在使用该工具时需注意：App Store 必须连网才能正常使用。

(二) 遥感数据读取

(1) 启动 ENVI，同时对数据包中的 GF-5 AHSI 原始数据文件压缩包进行解压。

(2) 在 ENVI 菜单栏中选择 File→Open As→China Satellite→GF-5，弹出 Please Select the GF5 XML File 对话框，如图 16-3 所示。

图 16-3　选择输入图像

(3) 在 Please Select the GF5 XML File 对话框（图 16-3）中，选择"实验 16\数据\ GF5_AHSI_E115.63_N40.68_20191029_007840_L10000065200.xml"，打开 GF-5 AHSI 图像，如图 16-4 所示。

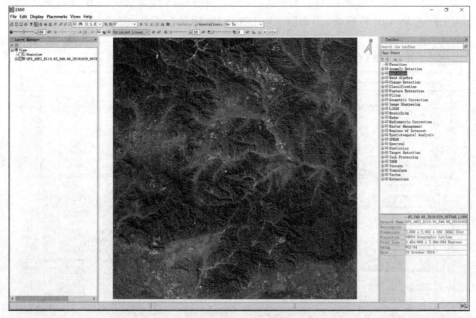

图 16-4　GF-5 AHSI 图像

(三)辐射定标

(1)在 ENVI 工具箱中选择 Radiometric Correction→Radiometric Calibration,打开 Data Selection 对话框,选中"GF5_AHSI_E115.63_N40.68_20191029_007840_L10000065200.meta"高光谱图像,如图 16-5 所示。

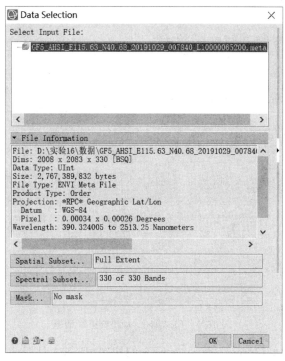

图 16-5 选择定标输入图像

(2)单击图 16-5 中的【OK】按钮,弹出 Radiometric Calibration 对话框。在 Calibration Type 下拉菜单中选择 Radiance,在 Output Interleave 下拉菜单中选择 BIL,在 Output Data Type 下拉菜单中选择 Float,在 Scale Factor 中输入 0.10,在 Output Filename 中设置输出文件的路径和文件名为"实验16\结果\calibration.dat",如图 16-6 所示。

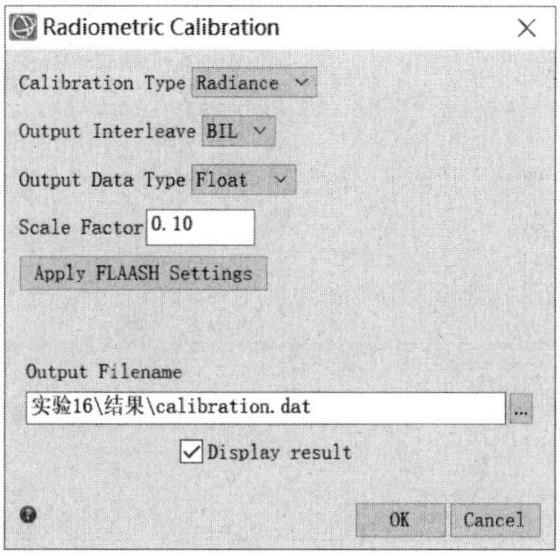

图 16-6 设置参数

(3) 单击图 16-6 中的【OK】按钮，完成辐射定标。

(四) 大气校正

(1) 在 ENVI 工具箱中选择 Radiometric Correction→Atmospheric Correction Module→FLAASH Atmospheric Correction，打开 FLAASH Atmospheric Correction Model Input Parameters 对话框，如图 16-7 所示。

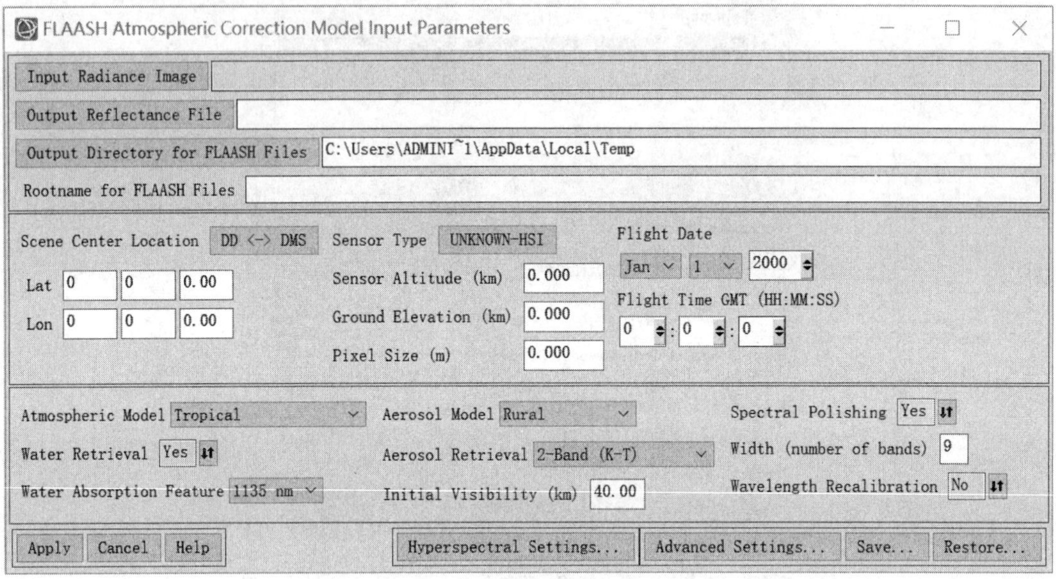

图 16-7　FLAASH 大气校正对话框

(2) 单击图 16-7 中的【Input Radiance Image】按钮，选择文件"calibration. dat"，如图 16-8 所示，单击【OK】按钮，弹出 Radiance Scale Factors 对话框，选择 Use single scale factor for all bands 选项，Single scale factor 数值默认为 1.000 000，如图 16-9 所示。

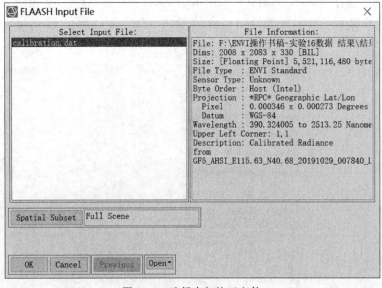

图 16-8　选择大气校正文件

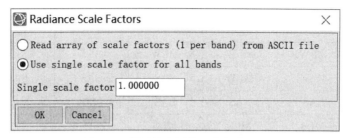

图 16-9 设置输入图像尺度拉伸因子

> ☆小提示
> 原始辐射定标结果的单位为 W/(m²·μm·sr),FLAASH 要求输入辐亮度数据的单位为 μW/(cm²·nm·sr),二者的数字正好相差 10 倍,在做辐射定标时已进行 Scale scale Factor 单位转换,故保持默认即可。

(3) 单击图 16-9 中的【OK】按钮,完成待校正数据的输入并返回 FLAASH Atmospheric Correction Model Input Parameters 对话框,按照以下信息设置参数。设置完成后结果如图 16-10 所示。

——单击【Output Reflectance File】按钮,设置输出文件为"实验 16\结果\correction.dat"。
——单击【Output Directory for FLAASH Files】按钮,选择输出路径为"实验 16\结果"。
——Scene Center Location 保持默认(自动从元数据中读取)。
——Sensor Type 保持默认,即 UNKNOWN-HS。
——传感器高度(Sensor Altitude)设为 705.000。
——Ground Elevation 设为 1.150(影像对应区域地面平均高程)。
——Pixel Size 设为 30.000。
——将 Flight Date 设置为 2019-10-29,将 Flight Time 设置为 5:12:21(自动从元数据中读取)。
——在 Atmospheric Model 下拉菜单中选择亚极地夏季(Sub-Arctic Summer)(根据成像时间和纬度信息选择,具体参考表 16-2)。
——水汽反演(Water Retrieval)选择 Yes,Water Absorption Feature 保持默认的 1 135 nm。
——在 Aerosol Model 下拉菜单中选择 Rural。
——在 Aerosol Retrieval 下拉菜单中选择 2-Band(K-T)。
——光谱平滑(Spectral Polishing)选择 Yes。
——光谱平滑窗口大小(Width(number of bands))保持默认,即 9。
——输入波长校准(Wavelength Recalibration)选择 No。

表 16-2 数据经纬度与获取时间对应的大气模型

北纬/(°)	一月	三月	五月	七月	九月	十一月
80	SAW	SAW	SAW	MLW	MLW	SAW
70	SAW	SAW	MLW	MLW	MLW	SAW

续表

北纬/(°)	一月	三月	五月	七月	九月	十一月
60	MLW	MLW	MLW	SAS	SAS	MLW
50	MLW	MLW	SAS	SAS	SAS	SAS
40	SAS	SAS	SAS	MLS	MLS	SAS
30	MLS	MLS	MLS	T	T	MLS
20	T	T	T	T	T	T
10	T	T	T	T	T	T
0	T	T	T	T	T	T
−10	T	T	T	T	T	T
−20	T	T	T	MLS	MLS	T
−30	MLS	MLS	MLS	MLS	MLS	MLS
−40	SAS	SAS	SAS	SAS	SAS	SAS
−50	SAS	SAS	SAS	MLW	MLW	SAS
−60	MLW	MLW	MLW	MLW	MLW	MLW
−70	MLW	MLW	MLW	MLW	MLW	MLW
−80	MLW	MLW	MLW	SAW	MLW	MLW

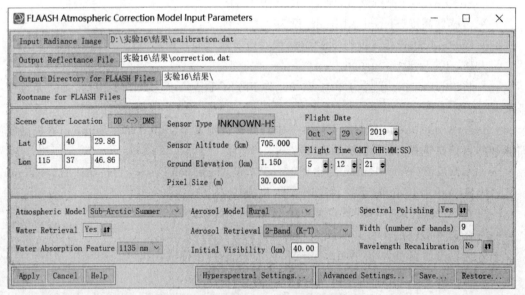

图 16-10 设置 FLAASH 大气校正参数

(4)单击图 16-10 中的【Hyperspectral Settings...】按钮,弹出高光谱参数设置(Hyperspectral Settings)对话框,将通道参数来源(Select Channel Definitions by)设为自动选择通道(Automatic Selection),如图 16-11 所示,单击【OK】按钮,完成高光谱参数设置。

图 16-11 设置大气校正高光谱参数

(5)单击图 16-10 中的【Advanced Settings...】按钮,弹出 FLAASH 高级参数设置(FLAASH Advanced Settings)对话框,进行高级参数设置。参数保持默认即可,设置完成后如图 16-12 所示。

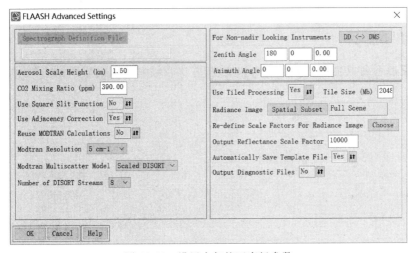

图 16-12 设置大气校正高级参数

(6)在 FLAASH Atmospheric Correction Model Input Parameters 对话框(图 16-10)中单击【Apply】按钮,进行 FLAASH 大气校正,得到大气校正结果报表(图 16-13)和大气校正后图像(图 16-14)。大气校正的结果是否正确,可通过检查典型地物波谱曲线进行目视判断,一般选择查看植被波谱曲线,校正前与校正后的植被光谱曲线对比如图 16-15 所示。

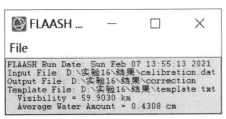

图 16-13 大气校正结果报表

图 16-14 大气校正后图像

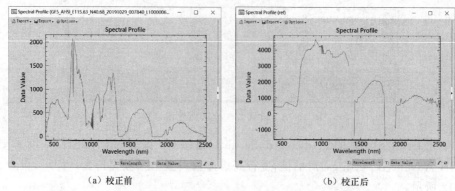

(a) 校正前　　　　　　　　　　(b) 校正后

图 16-15　FLAASH 大气校正前后植被光谱曲线对比

六、思考与练习

对国产资源系列卫星数据进行读取和处理，并比较辐射校正前后图像的差异。

实验十七　ENVI 二次开发

一、简　介

(一)IDL 语言与图像处理

IDL 是一种用于数据分析和可视化表达的编程语言。IDL 是基于矩阵运算的计算机语言,语法简单,具有高速图像处理与显示能力,并提供了大量数学运算工具。目前 IDL 已广泛应用于信息处理、气象、软件开发、航天航空、资源环境、数学统计与分析等领域。ENVI 就是利用 IDL 开发的遥感图像处理系统,因此 ENVI 中的多种功能和函数都可以方便地被 IDL 调用,极大地提高了 ENVI 的开放性、便利性和灵活性。

IDL 语言具有以下优势:

(1)支持多种标准格式数据的输入和输出,并支持自定义格式数据输入和输出。

(2)完全面向数组运算,为快速数值分析和图像处理提供了方便,极大提高了数据可视化的速度。

(3)拥有大量命令、函数和程序模块,便于数据分析和可视化。

(4)语法简单,方便初学者学习。

(5)提供了与其他语言的标准接口和 ActiveX 接口,可以方便地实现 Visual C、Visual Basic、C♯等语言的调用。

(二)ENVI Py Engine

ENVI Py Engine 提供了一个名为 envipyengine 的 Python 安装包。该安装包基于 ENVI Py Engine,通过几行简单的 Python 代码,即可调用 ENVI 中具有强大数据处理、分析功能的工具——ENVI Tasks,极大地方便了基于 Python 的遥感数据处理和分析。

二、实验目的

(1)了解 ENVI 的二次开发工具 IDL。

(2)了解 IDL 的基本语法和处理图像方式。

(3)熟悉使用 IDL 对图像进行 HLS 正变换的方法。

(4)熟悉使用 Python 调用 ENVI 功能进行图像空间增强处理的方法。

三、实验内容

(1)应用 IDL 对 RGB 彩色图像进行 HLS 正变换,结果存储为 .tif 格式图像。

(2)应用 Python 调用 ENVI 功能对图像进行增强 Lee 滤波空间增强处理。

四、实验数据

路径	文件名称	格式	说明
实验17\数据\	test17	img	RGB 彩色图像
实验17\数据\	test17	hdr	ENVI 对应头文件
实验17\数据\	test17py	img	雷达单波段图像
实验17\数据\	test17py	hdr	ENVI 对应头文件

五、实验步骤

(一)使用 IDL 对图像进行 HLS 正变换处理

(1)启动 IDL 工作台。在计算机桌面中选择开始→所有程序→IDL8.7.3,打开 IDL 工作台。工作台包括菜单栏、工具栏、资源管理器、代码区域、控制台以及状态栏等几部分,如图 17-1 所示。

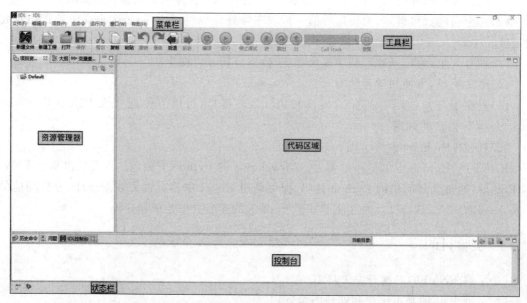

图 17-1 IDL 工作台

(2)在 IDL 工作台的菜单栏中选择文件→新建文件,或者单击工具栏中 ![按钮],代码区域会新建一个文件,用于代码编写。本实验代码用到的函数及其参数如表 17-1 所示。

表 17-1 实验所用函数及主要参数

函数名称	主要参数	参数备注
ENVI_OPEN_FILE	Fname	文件名称及路径
	/NO_INTERACTIVE_QUERY	当不存在有效的头文件时,不打开 ENVI 头文件信息对话框

续表

函数名称	主要参数	参数备注
ENVI_OPEN_FILE	/NO_REALIZE	不打开波段列表
	R_FID	文件的 ID，为 ENVI 打开或选择文件时的命名变量
ENVI_FILE_QUERY	dims	文件的名称及路径
	fid	文件的 ID，为 ENVI 打开或选择文件时的命名变量
ENVI_GET_DATA	FID＝file ID	读入文件的 ID
	DIMS＝array	读取图像的尺寸
	POS＝long integer	设置需要读取的波段
COLOR_CONVERT	I0	原始图像
	O0	变换后结果图像
	/RGB_HLS	RGB 转换为 HLS
	INTERLEAVE＝value	设置图像的交叉形式

（3）在代码区域编写 RGB 到 HLS 彩色变换过程代码（图 17-2），具体代码如图 17-3 所示。其中，";"为注释符，注释符之后的内容是对代码的注释，不参与程序运行。

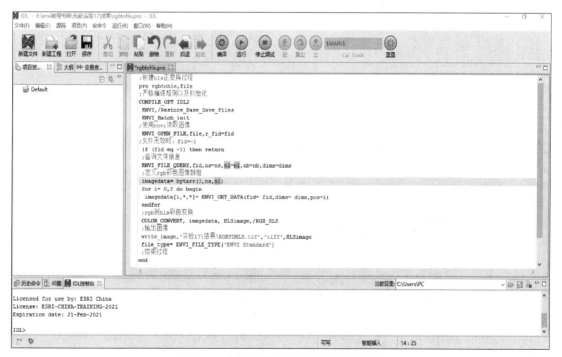

图 17-2　编写 RGB 到 HLS 彩色变换代码

```
;创建 hls 正变换过程
prorgbtohls, file
;严格编译规则以及初始化
COMPILE_OPT IDL2
ENVI, /Restore_Base_Save_Files
ENVI_Batch_init
;使用 envi 读取图像
  ENVI_OPEN_FILE, file, r_fid=fid
  ;文件无效时,fid = -1
  if (fid eq -1) then return
  ;查询文件信息
  ENVI_FILE_QUERY, fid, ns=ns, nl=nl, nb=nb, dims=dims
  ;定义 rgb 彩色图像数组
  imagedata = bytarr(3, ns, nl)
  for i = 0,2 do begin
  imagedata[i,*,*]=ENVI_GET_DATA(fid=fid, dims=dims, pos=i)
  endfor
  ;rgb 到 hls 彩色变换
  COLOR_CONVERT, imagedata, HLSimage, /RGB_HLS
  ;输出图像
  write_image, '实验17\结果\HLSTORGB8.tif', 'tiff', HLSimage
  file_type=ENVI_FILE_TYPE('ENVI Standard')
  ;结束过程
end
```

图 17-3 具体代码

☆小提示

(1)在 IDL 中,功能模块只能是过程(procedure)或函数(function),编写时,过程必须以"pro"开始,以"end"结束,"pro"后面为过程名称,逗号后为关键字。

(2)通过 ENVI_OPEN_FILE 语句打开文件,弹出文件选择对话框同时返回 FID,相当于 ENVI 主菜单的 File→Open Image File 功能。

(3)利用 ENVI_FILE_QUERY 函数可以获取文件的基本信息,便于进行读取。其中 nb 为波段数,nl 为行数,ns 为列数,dims 为数据的空间子集。

(4)将 RGB 彩色图像的三个波段以三维数组形式读取到 imagedata 中。

(5)通过 write_image 函数写出输出图像.tif 文件。

(4)在 IDL 工作台的菜单栏中选择文件→保存,打开保存文件对话框。选择"实验17\结果\",在文件名中输入"rgbtohls.pro",单击【保存】按钮,完成 IDL 程序代码保存,如图 17-4 所示。

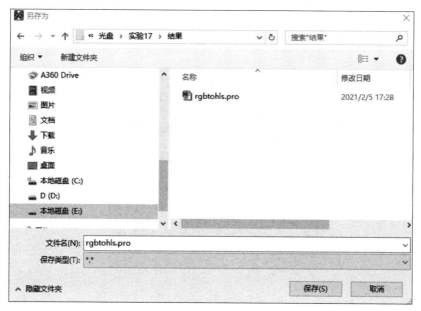

图 17-4　保存文件

（5）在 IDL 工作台的工具栏中单击 按钮，弹出 Enter Data Filenames 对话框，选择"实验 17\数据\test17.img"，如图 17-5 所示。

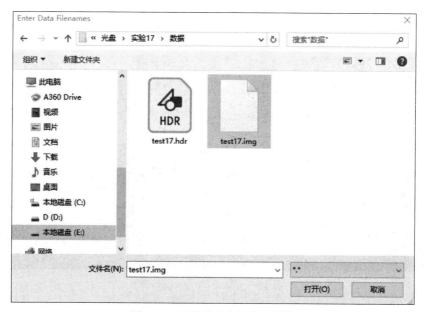

图 17-5　选择彩色变换输入图像

（6）单击图 17-5 中的【打开】按钮，打开"test17.img"图像并继续执行程序，完成 RGB 到 HLS 的彩色变换，彩色变换结果将被保存于"实验 17\结果\RGBTOHLS.tif"文件中。

（7）程序运行结束后，在 ENVI 中选择"实验 17\结果\RGBTOHLS.tif"，打开变换后的 HLS 彩色图像，结果如图 17-6 所示。

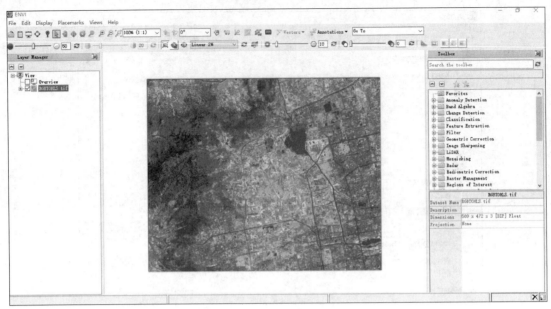

图 17-6　HLS 彩色变换结果显示

(二)Python 调用 ENVI 功能对图像进行空间增强处理

(1)在安装 ENVI Py Engine 之前,首先需要下载并安装 Python3.6.2。启动 CMD 命令行,输入"pip install envipyengine"。如图 17-7 所示,按回车键等待安装。

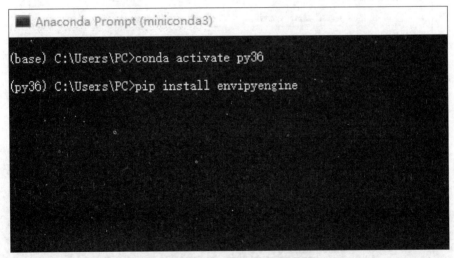

图 17-7　安装 envipyengine

(2)在 python 中调用 envipyengine 增强 Lee 滤波处理的代码(图 17-8),运行代码即可得到经增强 Lee 滤波处理后的影像。该代码已被保存至"实验 17\结果\Enhanced Lee.py"。

(3)在 ENVI 中选择"实验 17\结果\Enhanced Lee.IMG",打开增强 Lee 滤波结果图像,如图 17-9 所示。

图 17-8　python 调用增强 Lee 滤波代码

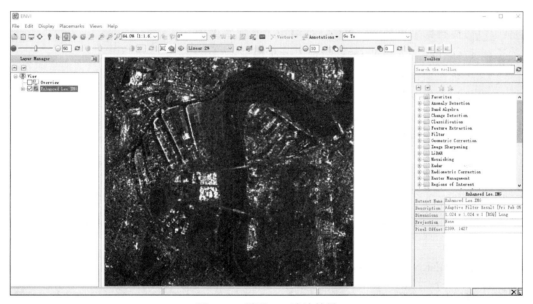

图 17-9　增强 Lee 滤波结果

六、思考与练习

（1）尝试利用 IDL 将"实验 17\结果\RGBTOHLS.tif"中所有的像元值增大 1。
（2）尝试利用 Python 对"实验 17\数据\text17py.IMG"图像进行 Frost 滤波处理。

实验十八　ENVI Modeler

一、简　介

ENVI 5.5 版本提供了全新的建模工具——ENVI Modeler。ENVI Modeler 建模工具提供可视化界面，通过拖拽方式对 ENVI 现有功能进行灵活"组装"，可零代码实现复杂工作流和图像批处理的构建。

ENVI Modeler 具有以下优势：

(1)提供友好的用户界面和良好的用户体验。
(2)零代码构建批处理、工作流。
(3)可生成 IDL 代码、Python 代码。
(4)可一键将模型创建为 ENVI Task，用于其他模型中。
(5)支持保存和导入模型，能够与他人分享模型。
(6)支持将模型任务提交到远程 ENVI Services Engine 服务器运行。
(7)可将模型生成为 ENVI 扩展工具。
(8)可将模型发布到 ArcMap、ArcGIS Pro 的工具箱。
(9)可发布为企业级(ENVIservices engine)遥感图像服务。

二、实验目的

(1)了解 ENVI Modeler 工具。
(2)掌握使用 ENVI Modeler 对遥感图像进行空间增强处理的方法，空间增强处理原理详见实验八。
(3)掌握使用 ENVI Modeler 进行动态变化检测处理的方法。

三、实验内容

(1)在 ENVI Modeler 中，以中值滤波为例对遥感图像进行增强处理，实现图像的平滑，比较处理后的实验结果，了解空间增强的不同效果。
(2)在 ENVI Modeler 构建动态变化检测工作流，对不同时相的两幅哨兵 2 号卫星遥感图像进行变化检测处理，获取变化检测结果。

四、实验数据

路径	文件名称	格式	说明
实验 18\数据\	test18	img	雷达单波段图像
实验 18\数据\	test18	hdr	ENVI 对应头文件

续表

路径	文件名称	格式	说明
实验18\数据\	change detect 1	img	2017年11月哨兵2号卫星图像
实验18\数据\	change detect 1	hdr	ENVI对应头文件
实验18\数据\	change detect 2	img	2019年11月哨兵2号卫星图像
实验18\数据\	change detect 2	hdr	ENVI对应头文件

五、实验步骤

(一)卷积滤波处理

(1)启动 ENVI Modeler 工作台。启动 ENVI Modeler 有两种方式：①在计算机桌面选择开始→所有程序→ENVI5.5.3(64-bit)→工具箱→Task Processing→ENVI Modeler；②在计算机桌面选择开始→所有程序→ENVI5.5.3(64-bit)→Display→ENVI Modeler。界面如图 18-1 所示。

图 18-1 ENVI Modeler 工作台

(2)在 Basic Nodes 窗口中，双击 Dataset(也可使用鼠标将其拖拽至右侧建模面板)，弹出 Select Type 对话框，如图 18-2 所示。

图 18-2 Select Type 对话框

(3)单击图 18-2 中的【Raster】按钮,弹出 Data Selection 对话框,单击左下角的文件图标 ,将"test18.IMG"文件选中,如图 18-3 所示。

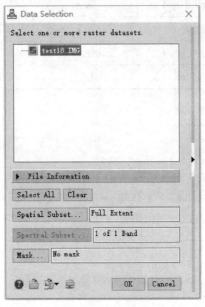

图 18-3　数据选择

(4)单击图 18-3 中的【OK】按钮,完成数据的选择,如图 18-4 所示。

图 18-4　选中栅格数据

(5)在 Tasks 窗口中搜索"Median Filter",双击鼠标左键,将该工具添加至建模面板,中值滤波工具如图 18-5 所示。

图 18-5　中值滤波工具

(6)单击鼠标左键,将"Raster"和"Median Filter"连接起来,如图 18-6 所示。

图 18-6　连接 Raster 和 Median Filter 工具

(7)单击图 18-5 中的 按钮,打开 Median Filter 对话框,将 Add Back 设为 0,Window

Size 保持为默认设置 3，在 Output Raster 中设置输出文件的路径和文件名为"实验 18\结果\Median.img"，如图 18-7 所示。

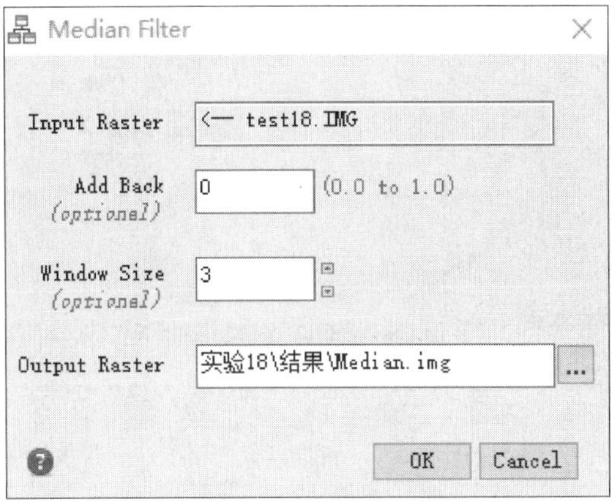

图 18-7　设置滤波参数

（8）在 Basic Nodes 窗口中双击"View"将其添加至建模面板，单击鼠标左键，将其与"Median Filter"连接，建模结果如图 18-8 所示。

图 18-8　完成模型构建

（9）单击图 18-1 中工具栏的 ▶ Run 按钮，运行模型，在 ENVI 的视图窗口可直接查看结果，运行结果如图 18-9 所示。

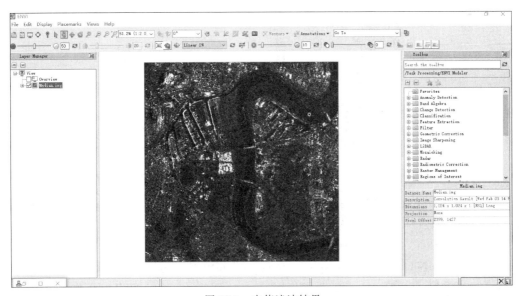

图 18-9　中值滤波结果

（10）在 ENVI Modeler 工作台中选择 File→Save As，弹出 Select Onput Model File 对话

框,保存模型为"Median.model",如图 18-10 所示。

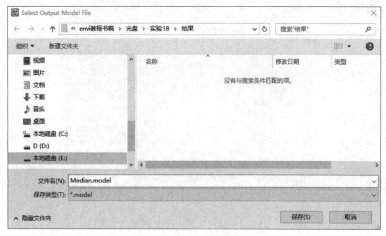

图 18-10 保存模型

(二)动态变化检测

(1)启动 ENVI Modeler 工作台。在建模面板上添加两个"Dataset"节点工具,分别选择"change detect 1.img"和"change detect 2.img",如图 18-11 所示。

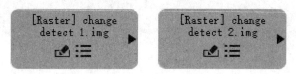

图 18-11 数据选择

(2)在 Tasks 窗口中,搜索"Band Math"工具并将其添加至建模面板,单击鼠标左键,连接"Band Math"和"Raster",如图 18-12 所示。

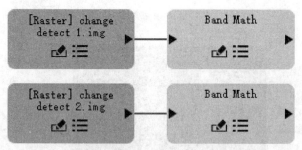

图 18-12 波段计算(Band Math)工具

(3)单击 Band Math 中的 ≡ 按钮(图 18-12),弹出 Band Math 对话框,在 Expression 中输入归一化植被指数(NDVI)计算公式,如图 18-13 所示。

(4)单击图 18-13 中的【OK】按钮,完成 NDVI 计算。

(5)在 Tasks 窗口中,搜索"Image Intersection"并添加至建模面板,单击鼠标左键,连接"Band Math"和"Image Intersection",将"change detect 1.img"的 NDVI 结果作为影像交运算(Image Intersection)的第一个输入数据,如图 18-14 所示,将"change detect 2.img"的 NDVI 结果作为影像交运算的第二个输入数据。

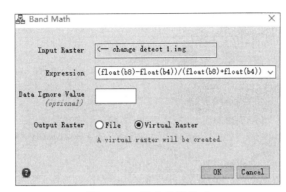

图 18-13　输入计算公式

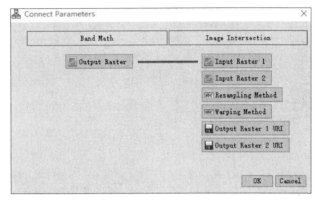

图 18-14　影像交运算设置

（6）单击图 18-14 中的【OK】按钮，完成重叠区的计算，如图 18-15 所示。

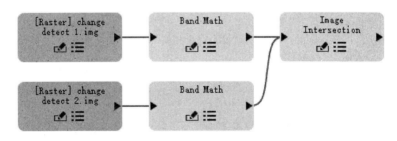

图 18-15　完成重叠区计算

（7）在 Tasks 窗口中，搜索"Image Band Difference"并将其添加至建模面板，单击鼠标左键，分别连接"Output Raster 1"和"Input Raster 1"，"Output Raster 2"和"Input Raster 2"，如图 18-16 所示。

（8）单击图 18-16 中的【OK】按钮，完成两幅影像 NDVI 之间的差值计算，如图 18-17 所示。

（9）在 Tasks 窗口中，搜索"Automatic Change Threshold Classification""Classification Smoothing"和"Classification Aggregation"，并将其分别添加至建模面板，从而对 NDVI 差值结果进行自动阈值分割处理、平滑处理和聚合处理，如图 18-18 所示。

（10）单击 Classification Aggregation 工具中的 按钮，打开 Classification Aggregation 对话框，在 Output Raster 中设置输出文件的路径和文件名为"实验 18\结果\change_ differ.img",其他设置保持默认,如图18-19所示。

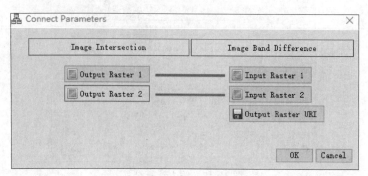

图 18-16　数据连接

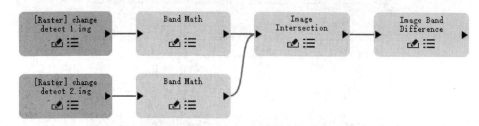

图 18-17　NDVI 差值计算

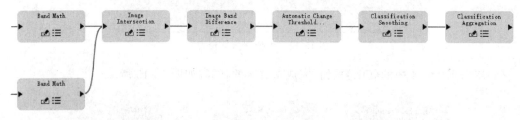

图 18-18　NDVI 差值结果处理

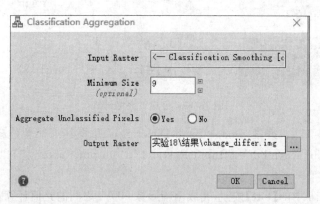

图 18-19　NDVI 差值处理结果保存

(11)将 View 工具添加至建模面板,单击鼠标左键,将其与"Classification Aggregation"连接,如图 18-20 所示。

(12)单击工具栏中的 Run 按钮,运行模型,在 ENVI 视图窗口可直接查看结果,运行结果如图 18-21 所示。其中,红色代表 NDVI 减少,蓝色代表 NDVI 增加,当地 11 月种植的是冬小麦，从图中可以看出两年内作物的变化情况。

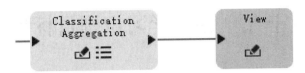

图 18-20　视图窗口工具添加

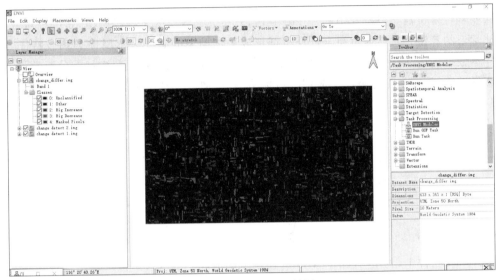

图 18-21　变化检测结果

（13）在 ENVI Modeler 工作台中选择 File→Save As，弹出 Select Output Model File 对话框，保存模型为"change detection.model"，如图 18-22 所示。

图 18-22　保存模型

六、思考与练习

尝试利用 ENVI Modeler 对遥感图像进行融合处理。

实验十九　深度学习识别目标地物

一、简　介

深度学习是机器学习研究中的一个新领域,其概念起源于人工神经网络,是一种对数据进行特征学习的算法。它能通过组合低层特征形成更加抽象的高层表示属性类别或特征,从而学习样本数据的内在规律和表示层次,其最终目标是让机器能够像人一样具有分析学习能力。在遥感领域里,深度学习已被广泛应用于目标检测、地物分类以及光谱重构等。

ENVI 5.5 版本新增了深度学习模块,允许用户通过输入参数的方式使用深度学习算法对遥感影像进行目标检测或分类处理。

二、实验目的

(1)理解深度学习的基本原理。
(2)掌握利用 ENVI 深度学习(Deep Learning)模块识别目标地物的操作方法。

三、实验内容

在 ENVI 软件中,利用 Deep Learning 模块从高分辨率的卫星影像中识别建筑物。

四、实验数据

路径	文件名称	格式	说明
实验19\数据\	subdata	tif	训练数据
实验19\数据\	before	tif	验证数据
实验19\数据\	after	tif	测试数据
实验19\数据\	subdata	xml	训练数据的分类结果
实验19\结果\	before	xml	验证数据的分类结果
实验19\结果\	after	xml	测试数据的分类结果

五、实验步骤

(一)软硬件环境配置

1. 配置需求

ENVI Deep Learning 需要的软硬件配置如下:

(1)ENVI 5.5 版本及以上,Deep Learning 模块安装。
(2)英伟达显卡(NVIDIA GPU card),并且显卡 CUDA® 计算能力达 3.5 以上。推荐显卡显存为 8 GB,以达到更高的运行效率。
(3)NVIDIA 显卡驱动版本最低为 384.X。

☆小提示

可通过访问 www.nvidia.cn,下载各个版本的 NVIDIA 显卡驱动。

2. 系统配置测试

ENVI Deep Learning 模块安装成功后,在 Toolbox 中选择 Deep Learning→深度学习导航(Deep Learning Guide Map),打开 Deep Learning 导航窗口。在 Deep Learning 导航窗口中选择 Tools→安装配置测试(Test Installation and Configuration)来测试系统配置是否符合深度学习要求,如图 19-1 所示。

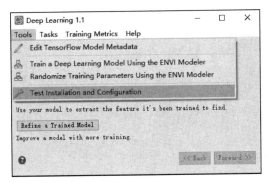

图 19-1 系统配置测试

运行完毕后弹出测试结果,若显示所有配置均为"OK"则表明 Deep Learning 模块可以正常运行,如图 19-2 所示。

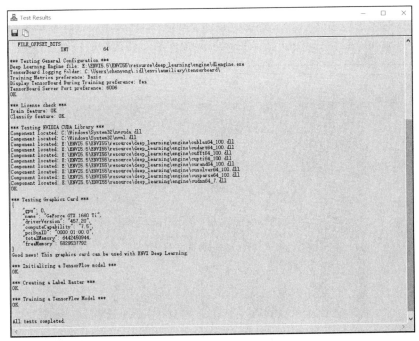

图 19-2 系统配置测试结果

(二)模型训练

1. 创建标签图像

利用深度学习进行目标识别首先要利用影像创建标签图像。为保证标签图像的质量,所选择的影像中的目标需要有代表性。由于遥感影像覆盖范围较大,利用整幅影像创建标签图像不可行,因此使用裁剪后的具有代表性目标的子区域影像。

(1) ROI 绘制目标地物。在 ENVI 中打开"实验 19\数据\subdata.dat",选择波段 3、2、1 进行彩色显示,如图 19-3 所示。

图 19-3 子区域影像

(2)在工具栏中单击 ROI 工具,弹出 Region of Interest(ROI) Tool 对话框(图 19-4),将 ROI 命名为 Training,选择 polygon 方式绘制出影像中所有建筑物的位置。

图 19-4 绘制训练样本

(3)在工具箱中选择 Deep Learning→从 ROI 构建栅格(Build Raster from ROI),弹出 Build Raster from...对话框,如图 19-5 所示。输入栅格(Input Raster)中选择"subdata.tif"文件,输入 ROI(Input ROI)中选择"Training"文件,设置类别名称(Class names)为"Building",在输出栅格(Output Raster)中设置输出文件路径和文件名为"实验 19\结果\BuildLabel-RasterFromROI.dat"。

图 19-5 输入参数创建标签影像

(4)单击图 19-5 中的【OK】按钮,生成标签图像,如图 19-6 所示。

图 19-6 标签图像

2. 模型训练

（1）在工具箱中选择 Deep Leaning→训练 TensorFlow 模型（Train TensorFlow Mask Model），打开 TensorFlow 模型训练界面，选择导入模型（input model）输入框下的新建模型（New model）选项构建一个新的模型，在弹出的创建 ENVINet5 多分类模型（Initialize ENVI-Net5 Multiclass Model）对话框中按照以下信息设置参数。设置完成后结果如图 19-7 所示。

——模型名称[Model Name（optional）]：保持默认，即 ENVI Deep Learning。

——模型描述[Model Description（optional）]：保持默认，即空白。

——分块大小[Patch Size（optional）]：模型不会一次性处理整张输入影像，而是先将影像切分为多个更小的块，每个大小为 $Patch\ Size \times Patch\ Size$。$Patch\ Size$ 值不应超过输入影像的大小，设为 464。

——波段数（Number of Bands）：输入影像的波段数，设为 3。

——类别数目（Number of Classes）：检测的目标类别数目，设为 1。

——输出模型（Output Model）：设置输出文件的路径和文件名为"实验19\结果\InitializeENVINet5MultiModel.h5"。

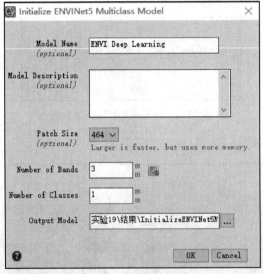

图 19-7 新模型创建窗口

（2）单击图 19-7 中的【OK】按钮，在弹出的 Train TensorFlow Mask Model 对话框中按照以下信息设置参数。设置完成后结果如图 19-8 和图 19-9 所示。

——训练栅格（Training Rasters）：选择"实验 19\结果\/BuildLabelRasterFromROI.dat"文件。

——验证栅格（Validation Rasters）：选择与 Training Rasters 相同的标签图像，模型会自动选取部分标签图像作为验证数据。

——迭代次数（Number of Epochs）：保持默认。

——每次迭代的分块数量（Number of Patches per Epoch）：保持默认。

——分块采样比率（Patch Sampling Rate）：设为 16。

——类名（Class Names）：保持默认。

——固定距离（Soild Distance）：保持默认。

——模糊距离(Blur Distance):保持默认。

——分类权重(Class Weight):保持默认。

——损失权重(Loss Weight):保持默认。

——输出模型(Output Model):设置输出模型的文件保存路径和文件名为"实验19\结果\TrainTensorFlowMaskModel.h5"。

——输出最后一次训练的模型(Output Last Model):设置最后一次迭代模型的文件保存路径和文件名为"实验19\结果\TrainTensorFlowMaskModel_2.h5"。

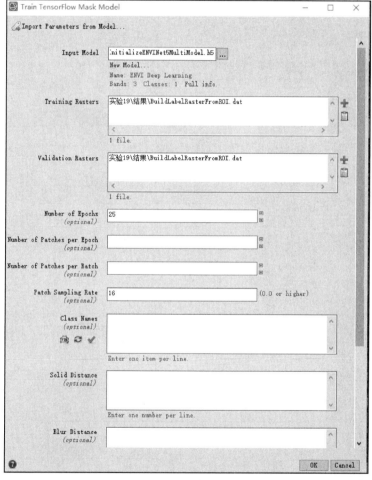

图19-8　模型参数设置1

(3)单击图19-9中的【OK】按钮,对模型进行训练。

3. 使用模型进行目标识别

(1)在工具箱中选择 Deep Learning→TensorFlow Mask Classification,弹出 TensorFlow Mask Classification 对话框,如图19-10所示。Input Raster中选择待识别影像"before.tif",输入已训练的模型(Input Trained Model)中选择训练好的模型"实验19\结果\TrainTensorFlowMaskModel.h5",输出分类栅格(Output Classification Raster)中设置输出文件路径和文件名为"实验19\结果\TensorFlowMaskClass",输出类激活栅格(Output Class Activation

Raster)中设置输出文件路径和文件名为"实验19\结果\CAM"。

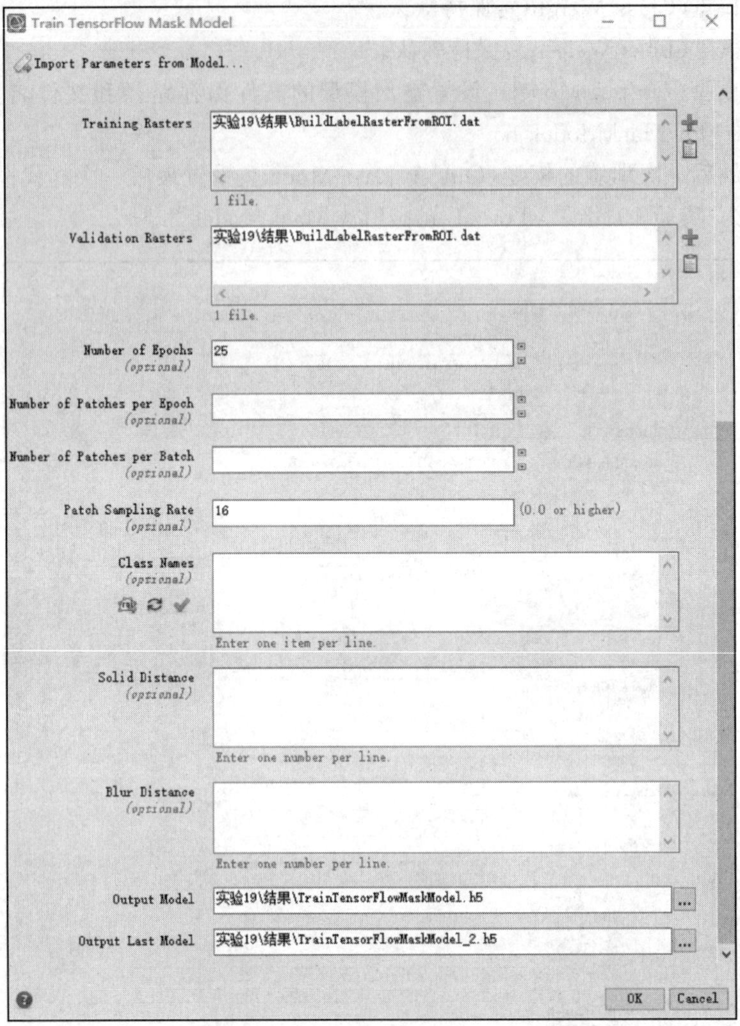

图 19-9　模型参数设置 2

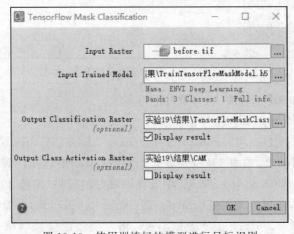

图 19-10　使用训练好的模型进行目标识别

(2)单击图 19-10 中的【OK】按钮,对"实验 19\数据\before.tif"中的建筑进行识别。识别结果如图 19-11 所示。

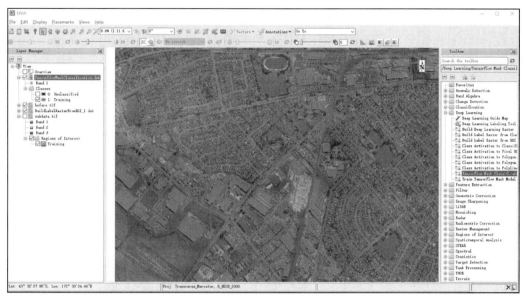

图 19-11　建筑识别结果 1

(3)重复步骤(1)和步骤(2),对"实验 19\数据\after.tif"中的建筑进行识别。结果如图 19-12 所示。

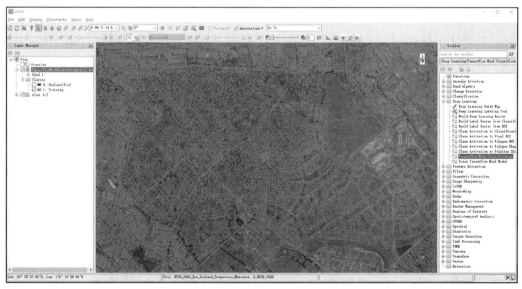

图 19-12　建筑识别结果 2

(三)精度评价

在工具箱中选择 Deep Learning→Deep Learning Guide Map,打开 Deep Learning 导航窗口,选择 Tool→编辑 TensorFlow 模型元数据(Edit TensorFlow Model Metadata),添加训练好的模型,通过属性栏可以查看每一次迭代的训练损失(training loss)和验证精度(training accuracy),如图 19-13 所示。

图 19-13　精度评价

> ☆小提示
> 　　以上方法得到的建筑物识别结果图本质上也是一种分类图,感兴趣的读者可以通过实验十一中的方法对该结果的精度进行比较和验证。

六、思考与练习

尝试利用深度学习方法对影像中不同用地进行详细分类,并分析各类别土地的前后变化情况。

实验二十　植被覆盖度反演

一、实验背景

植被是生态环境的重要组成部分,也是反映区域生态环境的最好标志之一。植被覆盖度是植被垂直投影面积与土壤总面积之比,是衡量地表植被状况的一个重要指标。随着遥感技术的飞速发展,植被覆盖度反演已广泛应用于生态环境评价、水土保持、城市绿化调查和植被变化检测等方面。

植被覆盖度的测量分为地面实际测量和遥感估算两种方法。地面实际测量客观准确,在低植被覆盖区域、小尺度测量等方面广泛应用。遥感估算在大尺度、大范围的测量方面占有很大优势。

二、实验目的和内容

(一)实验目的
利用 Landsat-5 多光谱图像进行植被覆盖度反演。

(二)实验内容
(1)TM 多光谱图像辐射校正。
(2)图像裁剪。
(3)多光谱图像监督分类。
(4)植被覆盖度反演。

三、实验数据

路径	文件名称	格式	说明
实验 20\数据\	L5123032_03220090922_MTL	txt	Landsat-5 图像元数据
实验 20\数据\	L5123032_03220090922_B10	tif	Landsat-5 图像第一波段数据
实验 20\数据\	L5123032_03220090922_B10.TIF	enp	Landsat-5 图像元数据
实验 20\数据\	L5123032_03220090922_B20	tif	Landsat-5 图像第二波段数据
实验 20\数据\	L5123032_03220090922_B20.TIF	enp	Landsat-5 图像元数据
实验 20\数据\	L5123032_03220090922_B30	tif	Landsat-5 图像第三波段数据
实验 20\数据\	L5123032_03220090922_B30.TIF	enp	Landsat-5 图像元数据
实验 20\数据\	L5123032_03220090922_B40	tif	Landsat-5 图像第四波段数据
实验 20\数据\	L5123032_03220090922_B40.TIF	enp	Landsat-5 图像元数据
实验 20\数据\	L5123032_03220090922_B50	tif	Landsat-5 图像第五波段数据

路径	文件名称	格式	说明
实验 20\数据\	L5123032_03220090922_B50.TIF	enp	Landsat-5 图像元数据
实验 20\数据\	L5123032_03220090922_B60	tif	Landsat-5 图像第六波段数据
实验 20\数据\	L5123032_03220090922_B60.TIF	enp	Landsat-5 图像元数据
实验 20\数据\	L5123032_03220090922_B70	tif	Landsat-5 图像第七波段数据
实验 20\数据\	L5123032_03220090922_B70.TIF	enp	Landsat-5 图像元数据

四、实验原理与方法

目前,植被覆盖度反演的方法多种多样,例如经验模型法和植被指数法等。植被指数法是一种通过建立植被指数与植被覆盖度之间的关系来估计植被覆盖度的方法,常用的是基于归一化植被指数(NDVI)的像元二分模型法。NDVI 是植被覆盖度的最佳指示因子,其表达式为

$$NDVI = \frac{\rho_{NIR} - \rho_R}{\rho_{NIR} + \rho_R} \tag{20-1}$$

式中,ρ_{NIR} 为图像的近红外波段地表反射率,ρ_R 为红波段地表反射率。

植被覆盖度与 NDVI 之间存在明显的线性相关关系,建立二者之间的数学关系就可以得到植被覆盖度。像元二分模型是假设地表的每个像元由植被覆盖部分和无植被覆盖土壤构成,所以像元的 NDVI 值由植被和土壤两部分组成,表达式为

$$NDVI = f \cdot NDVI_v + (1-f) \cdot NDVI_s \tag{20-2}$$

式中,f 为植被覆盖度,$NDVI_v$ 为植被覆盖部分的 NDVI 值,$NDVI_s$ 为无植被覆盖土壤的 NDVI 值。根据式(20-1)整理得到植被覆盖度为

$$f = \frac{NDVI - NDVI_s}{NDVI_v - NDVI_s} \tag{20-3}$$

$NDVI_v$ 和 $NDVI_s$ 的取值是像元二分模型反演植被覆盖度的关键。目前不同研究对 $NDVI_v$ 和 $NDVI_s$ 的取值方法有很大的区别。$NDVI_v$ 和 $NDVI_s$ 可用公式分别表达为

$$NDVI_v = \frac{(1-f_{min}) \cdot NDVI_{max} - (1-f_{max}) \cdot NDVI_{min}}{f_{max} - f_{min}} \tag{20-4}$$

$$NDVI_s = \frac{f_{min} \cdot NDVI_{min} - f_{min} \cdot NDVI_{max}}{f_{max} - f_{min}} \tag{20-5}$$

式中,$NDVI_{max}$ 为 NDVI 最大值,$NDVI_{min}$ 为 NDVI 最小值。根据图像的 NDVI 灰度分布,取 5% 置信度截取 NDVI 的上下限阈值分别代表 $NDVI_{max}$ 和 $NDVI_{min}$ 是一种常用的方法。f_{min} 和 f_{max} 分别是植被覆盖度的最小值和最大值,本实验中取 $f_{min}=0$、$f_{max}=100\%$,所以式(20-4)和式(20-5)变为

$$NDVI_v = NDVI_{max} \tag{20-6}$$

$$NDVI_s = NDVI_{min} \tag{20-7}$$

将式(20-6)和式(20-7)代入式(20-3)得到最终的植被覆盖度计算公式

$$f = \frac{NDVI - NDVI_{min}}{NDVI_{max} - NDVI_{min}} \tag{20-8}$$

五、实验步骤

(一)数据准备

(1)数据导入。在 ENVI 菜单栏选择 File→Open As→Optical Sensors→Landsat→Geo TIFF with Metadata,选择"实验 20\数据\L5123032_03220090922_MTL.txt"导入 Landsat-5 元数据。具体步骤可参照实验二。结果如图 20-1 所示。

(2)辐射定标。在工具箱中选择 Radiometric Correction→Radiometric Calibration,进行辐射定标。输入文件选择"实验 20\数据\L5123032_03220090922_MTL_MultiSpectral",如图 20-2 所示。具体定标方法参照实验四中实验步骤(一)。

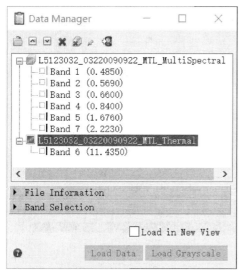

图 20-1　导入 Landsat-5 数据

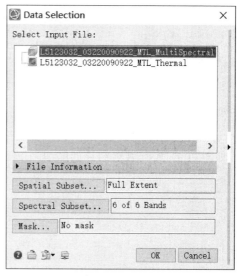

图 20-2　选择辐射定标的输入文件

(3)设置输出文件为"实验 20\结果\calibration.dat",Calibration Type 设置为 Radiance,Output Interleave 设置为 BIL,单击【Apply FLAASH Settings】按钮,如图 20-3 所示。

(4)大气校正。在 ENVI 工具箱中选择 Radiometric Correction→大气校正模块(Atmospheric Correction Module)→FLAASH 大气校正(FLAASH Atmospheric Correction),进入大气校正模块。输入文件为"calibration.dat";设置输出文件为"实验 20\结果\correction.img",如图 20-4 所示。具体大气校正方法可参照实验四中实验步骤(三)。

(5)图像裁剪。鼠标右键单击图层管理窗口中的大气校正结果图像,选择 New Region of Interest,打开 ROI Tool 对话框,选取大小合适的范围作为关注区用于裁剪。具体方法可参照实验九中实验步骤(二),结果如图 20-5 所示。

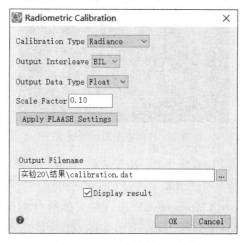

图 20-3　设置辐射定标的参数

图 20-4 设置大气校正参数

(6) 在 ENVI 工具箱中选择 Regions of Interests→Subset Data from ROIs。输入文件选择"correction.img",设置输出文件为"实验 20\结果\subset.img",单击【OK】按钮,完成图像裁剪,如图 20-6 所示,裁剪结果如图 20-7 所示。

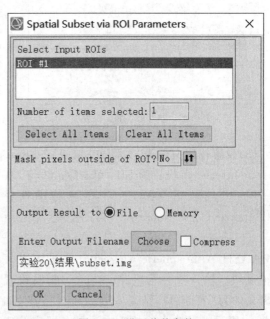

图 20-5 选取数据裁剪区域 ROI　　　　图 20-6 设置裁剪参数

(7) 监督分类。显示裁剪后的图像"subset.img",并选取五个类别的关注区作为训练样本。在 ENVI 工具箱中选择 Classification→Supervised Classification→最大似然分类(Maximum Likelihood Classification),进入最大似然分类模块。输入文件为"subset.img",设置似然阈值(Set Probability Threshold)选择 None(不设置阈值),设置输出文件路径和文件名为"实验 20\结果\class.img",如图 20-8 所示。具体分类方法可参照实验十一。分类结果如图 20-9 所示。

实验二十　植被覆盖度反演

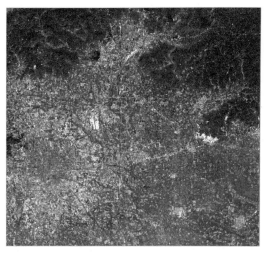

图 20-7　裁剪结果

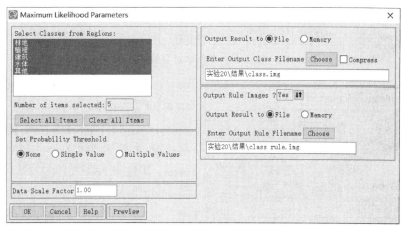

图 20-8　设置最大似然分类参数

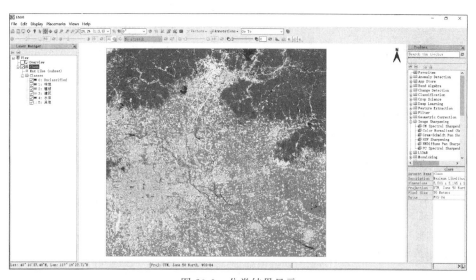

图 20-9　分类结果显示

(二)计算 NDVI

(1)在 ENVI 工具箱中选择 Spectral→Vegetation→NDVI,打开 NDVI Calculation Input File 对话框。选中"subset"文件,如图 20-10 所示。

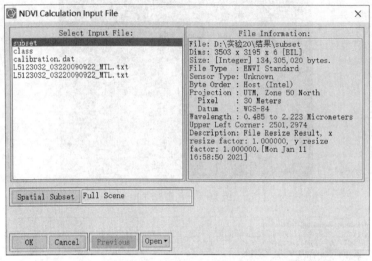

图 20-10　选取 NDVI 计算输入图像

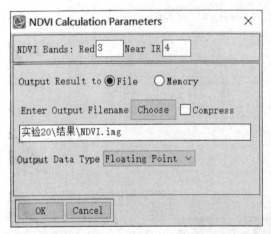

(2)单击图 20-10 中的【OK】按钮,打开 NDVI Calculation Parameters 对话框。在 Enter Output Filename 中设置输出文件的路径和文件名为"实验 20\结果\NDVI.img",其他设置保持默认。设置完成后如图 20-11 所示。

(3)单击图 20-11 中的【OK】按钮,执行 NDVI 计算,得到 NDVI 计算的结果如图 20-12 所示。

(4)去除 NDVI 异常值。在 ENVI 工具箱中选择波段代数(Band Algebra)→Band Math,打开 Band Math 对话框。在 Enter an expression 中输入公式"(b1 lt −1) * 0 + (b1 gt 1) * 0 +(b1 ge −1 and b1 le 1) * b1",单击【Add to List】按钮,如图 20-13 所示。

图 20-11　设置 NDVI 计算参数

☆小提示

(1)NDVI 的取值范围是[−1,1],大气校正后有一部分像元值可能超出范围而表现异常,因此将异常值转换为背景值 0。

(2)表达式"(b1 lt −1) * 0 + (b1 gt 1) * 0 +(b1 ge −1 and b1 le 1) * b1"的意义是:当变量 b1 小于−1 时返回值为 0;当变量 b1 大于 1 时返回值是 0;变量 b1 大于等于−1 并且小于等于 1 时返回值是它本身 b1。

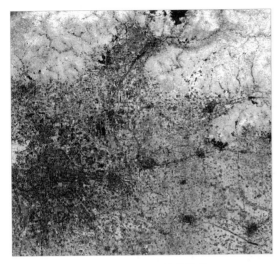

图 20-12 NDVI 计算结果

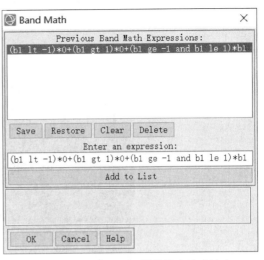

图 20-13 去除 NDVI 异常值表达式输入

(5)单击图 20-13 中的【OK】按钮,打开 Variables to Bands Pairings 对话框。在 Available Bands List 中单击选中 NDVI,即 b1 与 NDVI 匹配;在 Enter Output Filename 中设置输出文件的路径和文件名为"实验 20\结果\NDVI-去异常值.img",如图 20-14 所示。

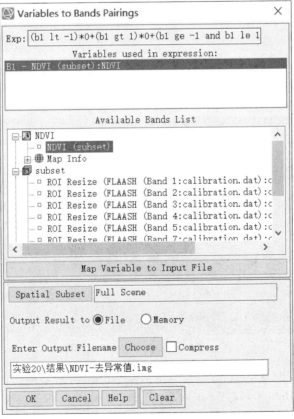

图 20-14 选择输出文件路径

(6)单击图 20-14 中的【OK】按钮,完成 NDVI 的异常值去除,得到结果如图 20-15 所示。

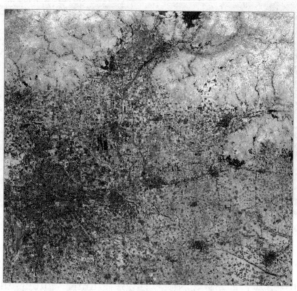

图 20-15　NDVI-去除异常值结果

(三)植被覆盖度反演

(1)在 ENVI 工具箱中选择 Raster Management→创建栅格掩模(Build Raster Mask),打开掩模(Mask)制作输入文件选择对话框。在 Select Input File 中选中"NDVI-去异常值"图像,如图 20-16 所示。

图 20-16　选择掩模制作输入图像

(2)单击图 20-16 中的【OK】按钮,打开 Mask Definition 对话框。选择 Options→导入数据范围(Import Data Range),打开 Select Input for Mask Data Range 对话框,选中"class"(分类后图像),如图 20-17 所示。

(3)单击图 20-17 中的【OK】按钮,打开 Input for Data Range Mask 对话框。数据最小值

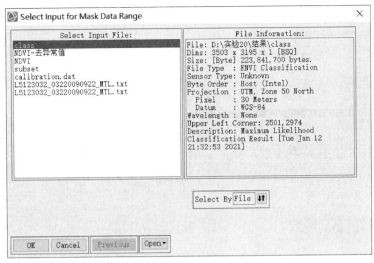

图 20-17　导入掩模取值文件

(Data Min Value)设为 1,数据最大值(Data Max Value)也设为 1(选择分类图中最大值为 1、最小值也为 1 的像元,即林地),如图 20-18 所示。

(4)单击图 20-18 中的【OK】按钮,返回 Mask Definition 对话框。在 Enter Output Filename 中设置输出文件的路径和文件名为"实验 20\结果\林地.img",如图 20-19 所示。

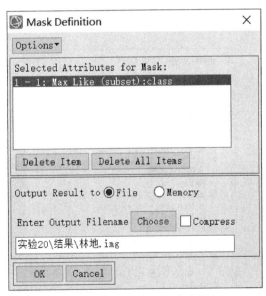

图 20-18　设置掩模取值范围　　　　图 20-19　选择输出图像路径

(5)单击图 20-19 中的【OK】按钮,执行林地掩模制作。
(6)重复步骤(1)至步骤(5)操作,完成其他类别掩模制作。
(7)在 ENVI 工具箱中选择 Statistics→计算波段统计信息(Compute Band Statistics),打开 Compute Statistics Input File 对话框。选中"NDVI-去异常值.img",如图 20-20 所示。单击【Select Mask Band】(选择掩模波段)按钮,在弹出的 Select Mask Input Band 对话框中,选

中"林地",如图20-21所示。

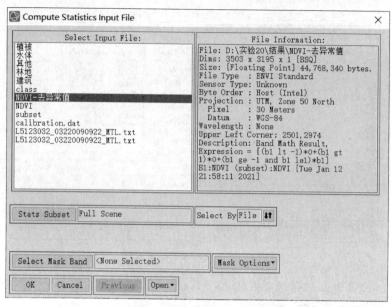

图20-20 选择统计输入图像

(8)单击图20-21中的【OK】按钮,打开Compute Statistics Parameters对话框,选中基本统计(Basic Stats)和直方图(Histograms)复选框,其他设置保持默认,如图20-22所示。

图20-21 选取林地掩模文件

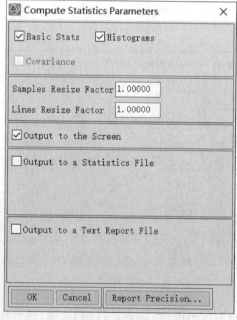

图20-22 设置统计参数

(9)单击图20-22中的【OK】按钮,执行林地NDVI值统计,结果如图20-23所示。选取最后一列累计百分比(Acc Pct)为2%所对应的像元值(即第一列NDVI值0.5659)作为$NDVI_{min}$;选取累计百分比为97%所对应的像元值(0.8292)作为$NDVI_{max}$。

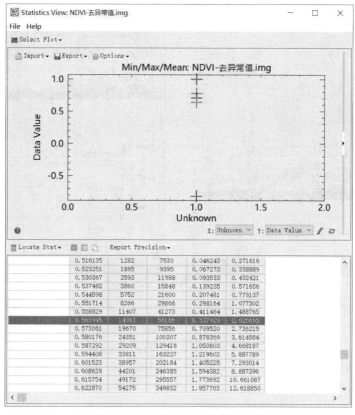

图 20-23　林地 NDVI 值统计结果

（10）重复步骤（7）至步骤（9），得到其他类别的 $NDVI_{\min}$ 与 $NDVI_{\max}$，结果如表 20-1 所示。

表 20-1　地物覆盖类型的 NDVI 阈值

土地覆盖类别	$NDVI_{\min}$	$NDVI_{\max}$
林地	0.565 9	0.829 2
植被	0.427 2	0.743 4
建筑	0.055 6	0.481 8
水体	0	0
其他	0.133 2	0.550 5

（11）在 ENVI 工具箱中选择 Band Algebra→Band Math，打开 Band Math 对话框。输入公式"b1 * 0.5659 + b2 * 0.4272 + b3 * 0.0556 + b4 * 0 + b5 * 0.1332"，计算总体 $NDVI_{\min}$，如图 20-24 所示。

（12）单击图 20-24 中的【OK】按钮，打开 Variables to Bands Pairings 对话框（图 20-25）。分别单击 B1 与林地掩模文件对应，B2 与植被掩模文件对应，B3 与建筑掩模文件对应，B4 与水体掩模文件对应，B5 与其他掩模文件对应；在 Enter Output Filename 中设置输出文件的路径和文件名为"实验20\结果\NDVI-Min.img"。单击【OK】按钮完成，结果如图 20-26 所示。

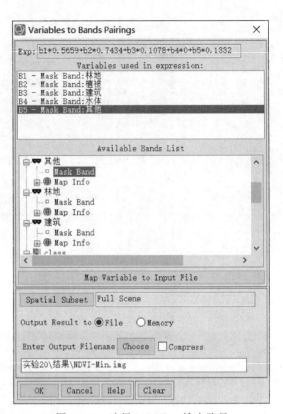

图 20-24　$NDVI_{min}$ 计算表达式　　　　图 20-25　选择 $NDVI_{min}$ 输出路径

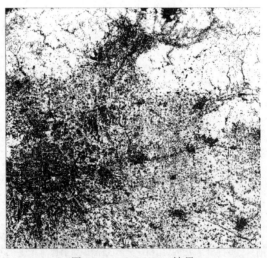

图 20-26　$NDVI_{min}$ 结果

(13) 重复步骤(11)至步骤(12)，输入"b1 * 0.8292 + b2 * 0.7434 + b3 * 0.4818 + b4 0 + b5 * 0.5505"，计算 $NDVI_{max}$。

(14) 在 ENVI 工具箱中选择 Band Algebra→Band Math，打开 Band Math 对话框。根据式(20-7)，输入公式"(b1 ne 0.0) * (b1－b2)/(b3－b2)"，如图 20-27 所示。

(15) 单击图 20-27 中的【OK】按钮，打开 Variables to Bands Pairings 对话框。分别单击

B1 与"NDVI-去异常值"对应,B2 与"NDVI-Min"对应,B3 与"NDVI-Max"对应;在 Enter Output Filename 中设置输出文件的路径和文件名为"实验 20\结果\vegetation_coverage.img"。单击图 20-28 中的【OK】按钮,完成植被覆盖度反演,结果如图 20-29 所示。

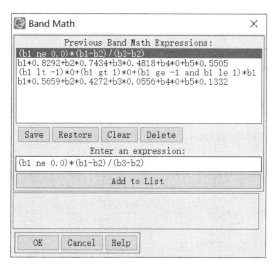

图 20-27 植被覆盖度计算表达式

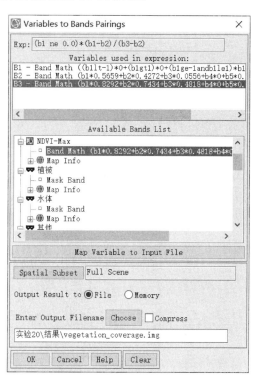

图 20-28 选择植被覆盖度输出路径

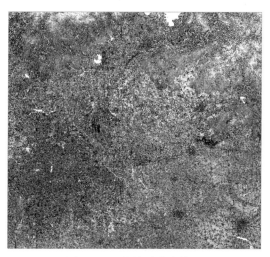

图 20-29 植被覆盖度结果

(16)在图层管理中右键单击"vegetation_coverage.img",选择快速统计(Quick Stats),结果如图 20-30 所示。其中存在一些异常值,即值在[0,1]之外,该类像元占比约为 4%。在 ENVI 的工具箱中选择 Band Algebra→Band Math,打开 Band Math 对话框,在 Enter an expression 中输入"0.0＞b1＜1.0",通过该式可以将小于 0 的值变成 1,大于 1 的值变成 1,

如图 20-31 所示。

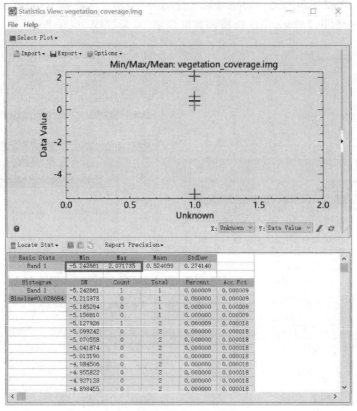

图 20-30 结果分析

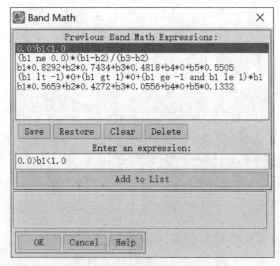

图 20-31 植被覆盖度异常值处理

(17)单击图 20-31 中的【OK】按钮,打开 Variables to Bands Pairings 对话框。分别单击 B1 与 vegetation_coverage 对应,在 Enter Output Filename 中设置输出文件的路径和文件名为"实验 20\结果\vegetation_coverage 去除异常值 .img"。单击【OK】按钮,如图 20-32 所示。

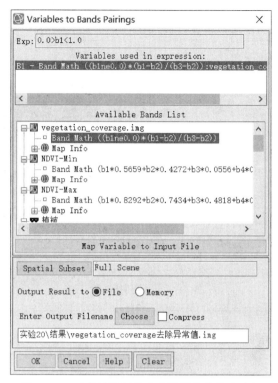

图 20-32 选择植被覆盖度去除异常值输出路径

(18) 在 ENVI 的工具箱中选择 Classification→Raster Color Slice，打开 Data Selection 对话框。选择"vegetation_coverage 去除异常值"，单击【OK】按钮，如图 20-33 所示。

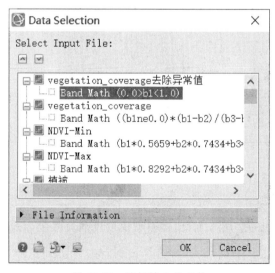

图 20-33 选择输入的文件

(19) 在新生成的 Raster Color Slice 下的 Slices 文件夹上右键编辑颜色切片（Edit Color Slice…）。由于系统预先设定的类别与所要设置类别不符合，所以单击图标 清空已有类别。之后再单击 按钮，重新设置类别区间（区间为 0~1，区间间隔为 0.1）以及相应颜色，单击

【OK】按钮,如图 20-34 所示,生成的结果如图 20-35 所示。颜色为浅黄绿色的是植被覆盖度低的区域,颜色为深绿色的是植被覆盖度高的区域。

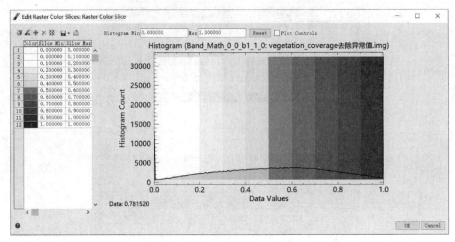

图 20-34　设置类别区间和颜色

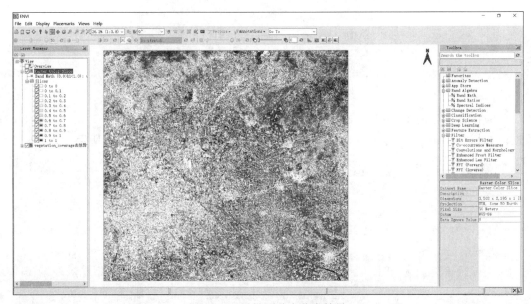

图 20-35　植被覆盖度分类结果

六、思考与练习

思考植被覆盖度反演的作用与意义,植被覆盖度反演流程包含哪些主要步骤。

实验二十一　面向洪水灾体信息的遥感数据融合

一、实验背景

在大型自然灾害中,由于灾害本身造成的通信中断、交通设施毁坏等影响,在大型灾害发生时很难通过常规手段获取实时灾害信息。而遥感技术的快速发展提供了一种实时获取灾害信息的手段,通过各种航空和航天传感器,可以准确地获取实时的灾区数据。

然而,由于遥感数据本身存储着大量的信息,加上灾害发生时往往需要在短时间内处理大量的遥感数据,这就导致了灾害信息需求与遥感数据处理能力之间的矛盾。如何对这些遥感信息进行快速的处理,从而获取重要的信息应用于灾害救援,已经成为当前遥感应用领域的一个重要研究方向。数据融合能够提供大量信息数据,是灾体信息快速提取的基本而必要的步骤。对洪水淹没范围进行检测,获取灾体信息,采用雷达图像与光学图形进行融合,以便于进一步提取信息。

二、实验内容

(一)实验目的

利用雷达图像和多光谱图像,分别运用不同的融合方法进行洪水信息提取,并对融合结果进行评价,选出针对洪水信息的最优融合方法。

(二)实验内容

(1)将灾中 PalSAR 图像与灾前 Landsat TM 图像进行融合。
(2)融合效果的定性与定量评价。

(三)实验数据

本实验中,灾中数据采用 ALOS PalSAR 图像,灾前数据采用 Landsat TM 图像。

路径	文件名称	格式	波段信息	地理位置
实验 21\数据\	SAR	img	ALOS PalSAR	江西省抚州市唱凯镇
实验 21\数据\	TM432	img	包含近红外(波段 4)、红(波段 3)和绿(波段 2)三个波段	

三、实验步骤

(一)数据准备

(1)在 ENVI 中选择"实验 21\数据\TM432.img",打开 TM 多光谱图像并显示,如图 21-1 所示。选择"实验 21\数据\SAR.img",打开 PalSAR 图像并显示,如图 21-2 所示。

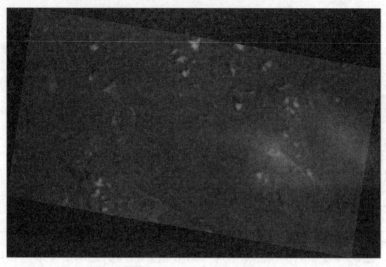

图 21-1　TM 多光谱图像

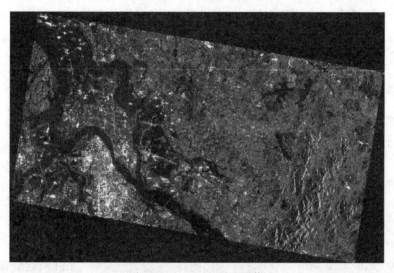

图 21-2　PalSAR 雷达图像

　　(2)图像配准。以 SAR 图像为基准图像,对 Landsat TM 图像进行几何校正,使其与雷达图像精确匹配。在 ENVI 工具箱中选择 Geometric Correction→Registration→配准:图像到图像(Registration:Image to Image);Base Image(基准图像)为"实验 21\数据\ SAR.img",Warp Image(待校正图像)为"实验 21\数据\ TM432.img";基于区域的自动匹配参数设置如图 21-3 所示;检查匹配点,删除误差较大的匹配点,直至总 RMS 的值小于 1 且点分布均匀;校正方法选择 Polynomial,次数 Degree 选择 2,重采样方法为 Nearest Neighbor,在 Enter Output Filename 中设置输出文件的路径和文件名为"实验 21\结果\TM-registration.img"。具体操作步骤参照实验五。配准结果如图 21-4 所示。

　　(3)雷达图像滤波。在 ENVI 工具箱中选择 Filter→Enhanced Lee Filter,打开对话框。Select Input File 选择"SAR.img"如图 21-5 所示。单击图 21-5 中的【OK】按钮,打开 Enhanced Lee Filter Parameters 对话框,设置滤波参数:Filter Size 设为 3;Damping Factor 设为 1.000;Enter Output

Filename 设置存储的路径和文件名为"实验 21\结果\sar_filter.img"。设置完成后如图 21-6 所示。具体滤波方法参照实验八中实验步骤(二)。滤波结果如图 21-7 所示。

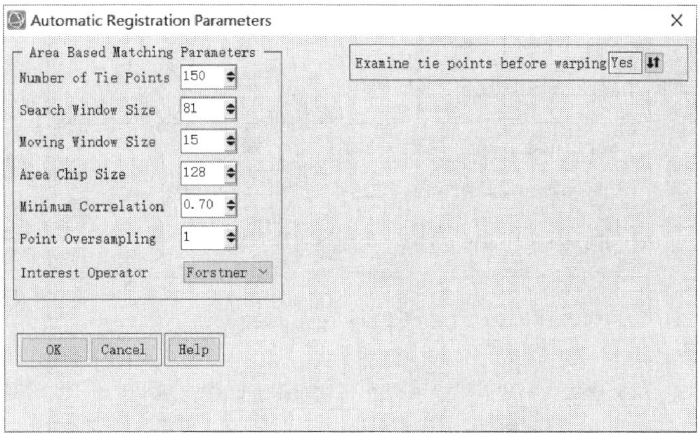

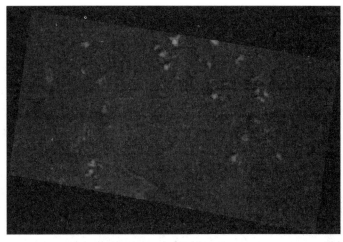

图 21-3　基于区域的自动匹配参数设置

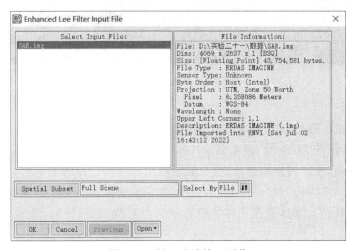

图 21-4　配准后的光学图像

图 21-5　插入滤波输入图像

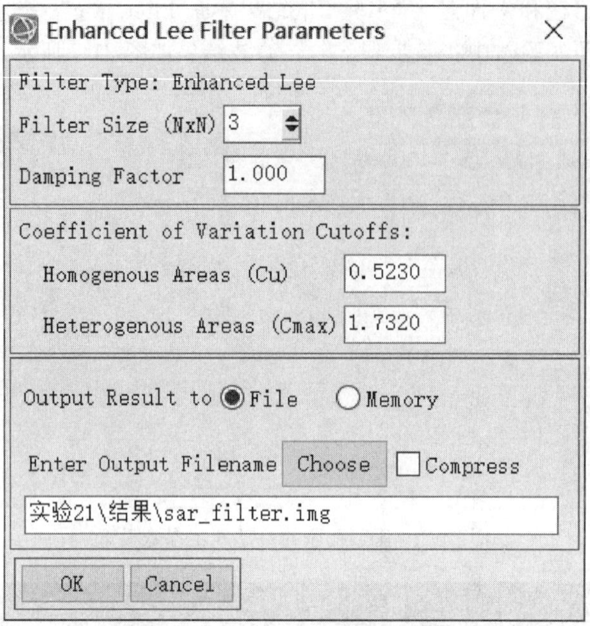

图 21-6　设置雷达图像滤波参数

图 21-7　滤波后雷达图像

(二) 图像融合

(1) 假彩色合成。在 ENVI 工具箱中选择 Raster Management→Build Layer Stack，分别用预处理后的雷达图像"实验21\结果\sar_filter.img"代替预处理后的 TM 图像"实验21\结果\TM-registration.img"的第四波段、第三波段和第二波段进行假彩色合成。合成结果分别命名为"s32.img""4s2.img"和"43s.img"，其中，2、3、4 分别表示 TM 的第二、三、四波段，s 表示 Radarsat SAR 图像。具体操作步骤参照实验三中实验步骤(一)。合成结果如图 21-8 至图 21-10 所示。

实验二十一　面向洪水灾体信息的遥感数据融合

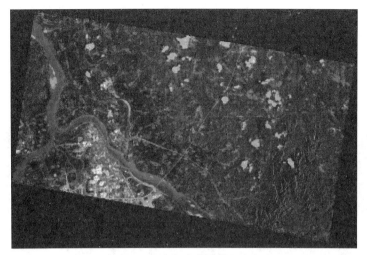

图 21-8　波段合成图像(s32)

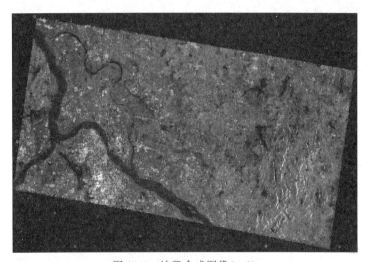

图 21-9　波段合成图像(4s2)

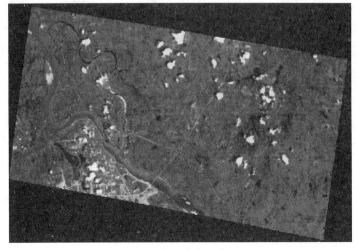

图 21-10　波段合成图像(43s)

(2)HSV 融合。在 ENVI 工具箱中选择 Image Sharpening→HSV Sharpening,打开对话框。Select Input RGB Bands 选择"实验 21\结果\TM-registration.img"的三个波段;High Resolution Input File(高分辨率图像)选择"实验 21\结果\sar_filter.img";Enter Output Filename 融合结果存储路径和文件名为"实验 21\结果\hsv.img"。具体融合方法参照实验十中实验步骤(一)。融合结果如图 21-11 所示。

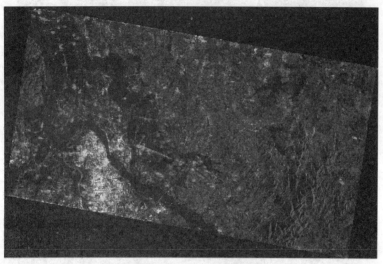

图 21-11　HSV 融合结果

(3)PCA 融合。在 ENVI 工具箱中选择 Image Sharpening→PC Spectral Sharpening,打开对话框。Input Low Resolution Raster 选择"实验 21\结果\TM-registration.img";Input High Resolution File(输入高分辨率图像)选择"实验 21\结果\sar_filter.img";Enter Output Filename 融合结果存储路径和文件名为"实验 21\结果\pca.img"。具体融合方法参照实验十中实验步骤(二)。融合结果如图 21-12 所示。

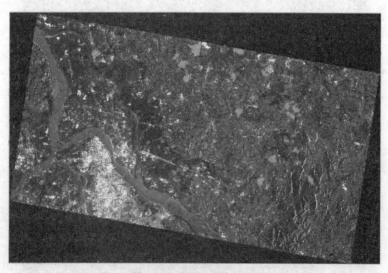

图 21-12　PCA 融合结果

(4) Brovey 融合。在 ENVI 工具箱中选择 Image Sharpening→彩色标准化(Brovey)锐化 [Color Normalized(Brovey) Sharpening],打开对话框。RGB Input Band 选择"实验 21\结果\TM-registration.img";High Resolution Input File 选择"实验 21\结果\sar_filter.img";Enter Output Filename 融合结果存储路径和文件名为"实验 21\结果\brovey.img"。融合结果如图 21-13 所示。

图 21-13　Brovey 融合结果

(5) Gram-Schmidt 融合。在 ENVI 工具箱中选择 Image Sharpening→Gram-Schmidt Pan Sharpening,打开对话框。Multi Band Input File 选择"实验 21\结果\TM-registration.img"的三个波段;High Resolution Input File 选择"实验 21\结果\sar_filter.img";Output Filename 融合结果存储路径和文件名为"实验 21\结果\Gram-Schmidt.img"。融合结果如图 21-14 所示。

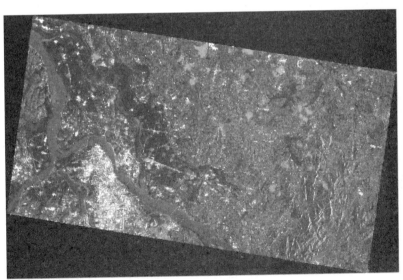

图 21-14　Gram-Schmidt 融合结果

(三)融合效果评价

1. 融合效果定性评价

通过融合方法的结果来看,能够区分洪水与正常河流的融合结果有假彩色合成(4s2)、假彩色合成(43s)、PCA 融合、Brovey 融合和 Gram-Schmidt 融合五个结果,但假彩色合成(43s)图像中的洪水与陆地区分不够清晰。假彩色合成(4s2)图像中正常河流为黑色,陆地为黄色,洪水为红色;PCA 融合、Brovey 融合和 Gram-Schmidt 融合图像中正常河流为绿色,洪水为深红色。

2. 融合效果定量评价

选用标准差与相关系数来进行定量评价。

(1)标准差反映了灰度相对于灰度均值的离散情况,标准差越大,则灰度级分布越分散。此时,图像中所有灰度级出现概率越趋于相等,图像的反差就越大,图像也就越清晰,融合效果也就越好。标准差计算公式为

$$\sigma = \sqrt{\frac{1}{n-1}\sum_{i=1}^{n}(x_i - \overline{x})^2} \qquad (21\text{-}1)$$

式中,σ 表示图像的标准差,n 为图像像元总数,x_i 表示第 i 个像元的像元值,$\overline{x}$ 为图像像元值均值。

(2)相关系数反映了两幅影像的相关程度,相关系数定义为

$$\rho = \frac{\sum_{i=1}^{M}\sum_{j=1}^{N}[F(i,j)-\overline{F}][A(i,j)-\overline{A}]}{\sqrt{\sum_{i=1}^{M}\sum_{j=1}^{N}[F(i,j)-\overline{F}]^2 \sum_{i=1}^{M}\sum_{j=1}^{N}[A(i,j)-\overline{A}]^2}} \qquad (21\text{-}2)$$

式中,$\overline{F}$ 为融合影像 F 的灰度均值;$\overline{A}$ 为原始影像 A 的灰度均值。

由于 HSV 融合的目视效果不理想,只对 PCA 融合、Brovey 融合以及 Gram-Schmidt 融合后的第一个波段进行定量评价,定量评价结果如表 21-1 所示。

表 21-1 定量评价统计结果

图像	标准差	相关系数
原始 TM 图像	28.65	—
PCA 融合图像	28.32	0.72
Brovey 融合图像	6.10	0.70
Gram-Schmidt 融合图像	29.48	0.73

通过比较,可以得到以下结论:

(1)Brovey 融合图像的标准差比原始 TM 图像低很多;Gram-Schmidt 融合图像的标准差比原始 TM 图像高,分布更均匀。

(2)Brovey 融合图像的相关系数最小,与原始影像相关程度最小;PCA 融合和 Gram-Schmidt 融合的相关系数较大,获得的信息较多,保持光谱特性能力强,融合效果较好。

通过定性比较和定量比较,在 PalSAR 雷达图像和 TM 多光谱图像为数据源的面向洪水灾体信息的融合中,Gram-Schmidt 融合方法能够突出洪水淹没范围(深红色区域为洪水),标

准差和相关系数最大,是一种较为有效的面向洪水灾体识别的融合方法。

☆小提示

(1)质量评价指标的标准差,可以在ENVI中鼠标右键单击影像选择Quick Stats进行查看。

(2)质量评价指标的相关系数,可以利用ENVI Toolbox→Statistic→Compute Band Statistics进行查看。

(3)评价融合效果的指标还有很多,如信息熵、光谱扭曲度和平均梯度等,读者可查阅相关资料了解学习。

参考文献

邓磊,孙晨,2014. ERDAS 图像处理基础实验教程[M]. 北京:测绘出版社.
邓磊,谢东海,周西嘉,等,2014. 遥感数字图像处理系统开发实践教程[M]. 北京:首都师范大学出版社.
邓书斌,2010. ENVI 遥感图像处理方法[M]. 北京:科学出版社.
董彦卿,2012. IDL 程序设计——数据可视化与 ENVI 二次开发[M]. 北京:高等教育出版社.
李小娟,宫兆宁,刘晓萌,等,2007. ENVI 遥感影像处理教程[M]. 北京:中国环境科学出版社.
梅安新,彭望琭,秦其明,等,2001. 遥感导论[M]. 北京:高等教育出版社.
孙家抦,2010. 遥感原理与应用[M]. 武汉:武汉大学出版社.
韦玉春,汤国安,杨昕,等,2007. 遥感数字图像处理教程[M]. 北京:科学出版社.
赵文吉,段福洲,刘晓萌,等,2007. ENVI 遥感影像处理专题与实践[M]. 北京:中国环境科学出版社.
赵英时,2003. 遥感应用分析原理与方法[M]. 北京:科学出版社.

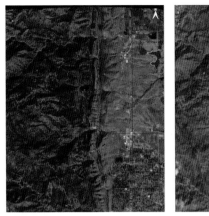 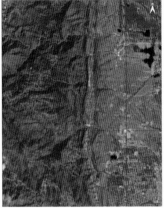

(a) 基准影像　　　　　　　　(b) 几何校正后的影像

图 5-12　查看几何校正结果

图 5-15　在影像上生成控制点

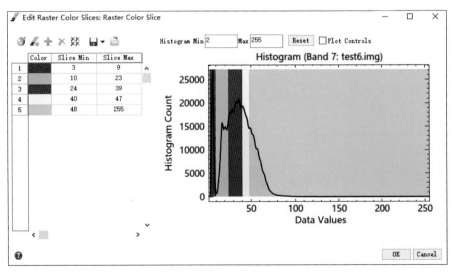

图 6-5　设置密度分割参数

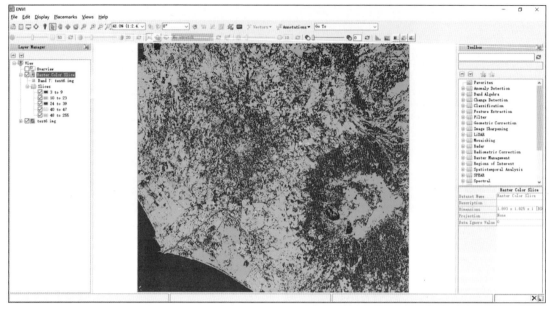

图 6-6 密度分割图像显示

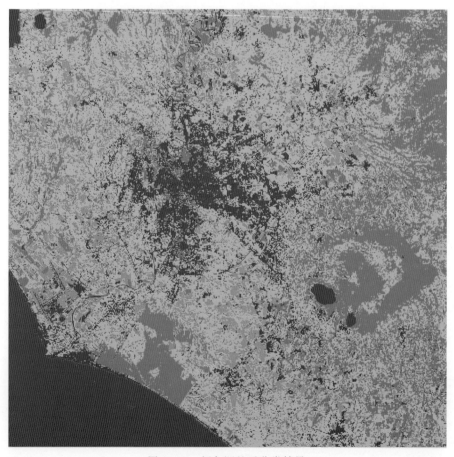

图 11-11 颜色调整后分类结果

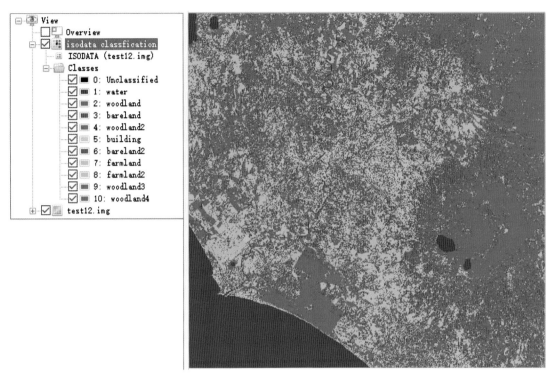

图 12-5　编辑后类别名称与颜色

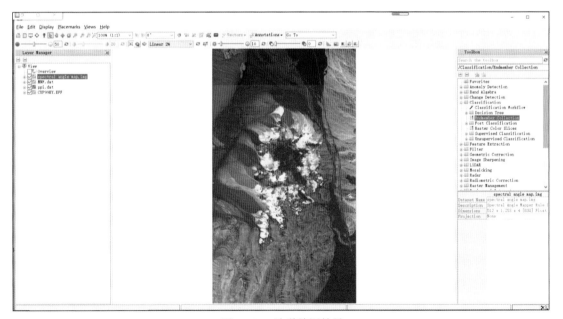

图 13-28　波谱填图结果

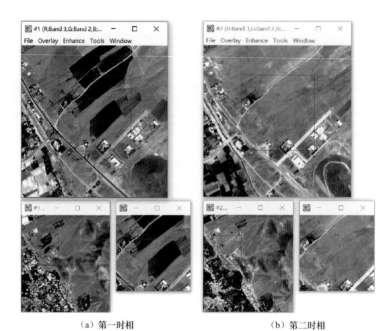

(a) 第一时相　　　　　　　　　　(b) 第二时相

图 15-8　配准后的两时相数据显示

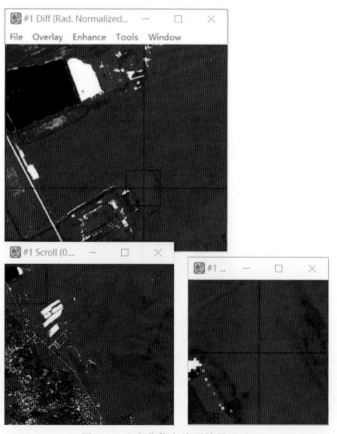

图 15-11　变化信息检测结果显示

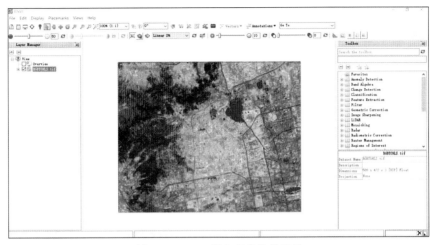

图 17-6　HLS 彩色变换结果显示

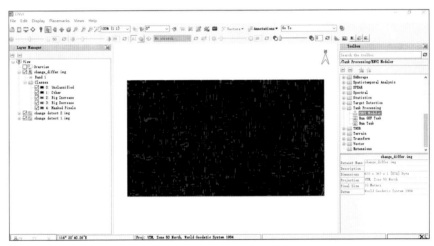

图 18-21　变化检测结果

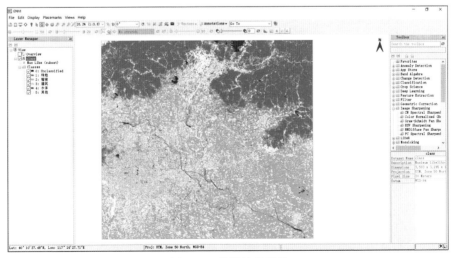

图 20-9　分类结果显示

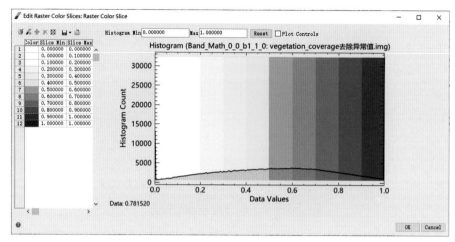

图 20-34　设置类别区间和颜色

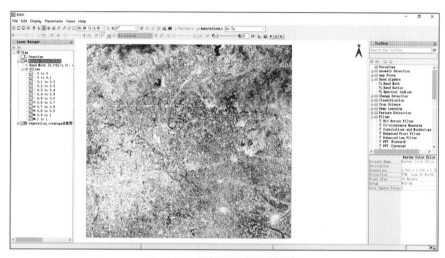

图 20-35　植被覆盖度分类结果

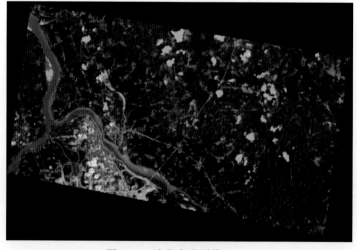

图 21-8　波段合成图像(s32)

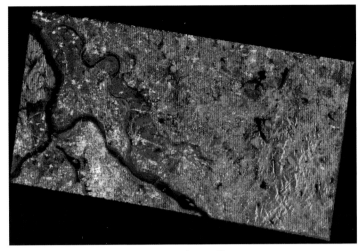

图 21-9 波段合成图像(4s2)

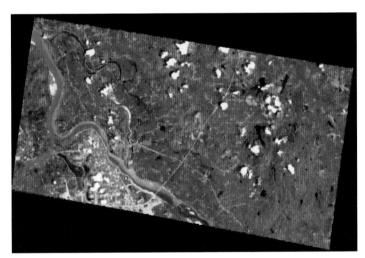

图 21-10 波段合成图像(43s)

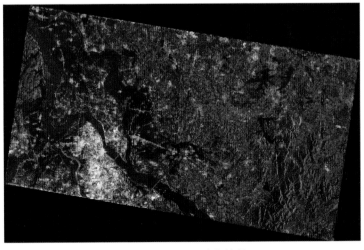

图 21-11 HSV 融合结果

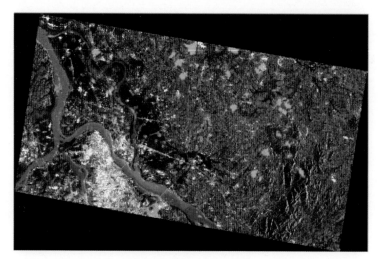

图 21-12　PCA 融合结果

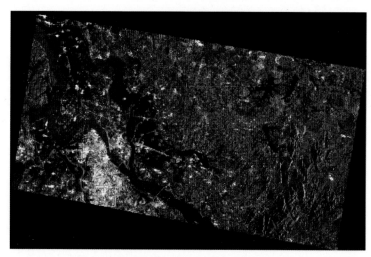

图 21-13　Brovey 融合结果